토목공학기술자
어떻게
되었을까
?

꿈을 이룬 사람들의 생생한 직업 이야기 47편

토목공학기술자 어떻게 되었을까?

1판 2쇄 펴냄 2023년 11월 28일

펴낸곳	㈜캠퍼스멘토
책임 편집	이동준 · 북커북
진행 · 윤문	북커북
디자인	㈜엔투디
커머스	이동준 · 신숙진 · 김지수 · 김연정 · 강덕우 · 박지원 · 송나래
교육운영	문태준 · 이동훈 · 박홍수 · 조용근 · 정훈모 · 송정민
콘텐츠	오승훈 · 이경태 · 이사라 · 박민아 · 국회진 · 윤혜원 · ㈜모야컴퍼니
관리	김동욱 · 지재우 · 윤영재 · 임철규 · 최영혜 · 이석기
발행인	안광배

주소	서울시 서초구 강남대로 557 (잠원동, 성한빌딩) 9층 (주)캠퍼스멘토
출판등록	제 2012-000207
구입문의	(02) 333-5966
팩스	(02) 3785-0901
홈페이지	http://www.campusmentor.org

ISBN 979-11-92382-15-9 (43530)

현직
토목공학
기술자들을
통해 알아보는
리얼 직업
이야기

토목공학기술자
어떻게

How did they become
Civil Engineers?

되었을까?

CampusMentor
캠퍼스멘토

"도움을 주신
토목공학기술자들을
소개합니다"

한국전력공사
김민호 차장

- 현) 한국전력공사 차장
- 부경대학교 안전공학 석사
- 경상남도/울산광역시/대전국토관리청 기술자문위원
- 기술사·기사 시험 출제위원
- 한국철도공사
- 창원대학교 토목공학 학사
- 토목시공기술사/토목품질시험기술사/건설안전기술사/
  지질및지반기술사

수상
- 전국품질분임조경진대회 대통령상 외 다수

부산시설공단
김영국 부장

- 현) 부산시설공단 부장
- 한국기술사회 부산지회 부회장
- 국토안전관리원 인재교육원 외부 강사
- 한국산업인력공단 국가기술자격 시험위원
- 국토교통부/해양수산부/한국도로공사 기술자문위원
- 토목시공기술사/건설안전기술사/국제기술사
- 국제공인 가치공학전문가(CVS)
- 충북대학교 토목공학 석사

수상
- 국토교통부장관 토목기술발전 공로 표창
- 2019년 부산광역시 토목대상 수상 외 다수

(주)도화엔지니어링
강두헌 부장

- 현) (주)도화엔지니어링 도시단지부 부장
- 현) 직업능력개발훈련교사 2급
- 현) 기술심의 및 평가위원
       (LH, 아산시, 국토연구원, 서울연구원)
- (주)경동엔지니어링
- 동아대학교 토목공학과 학사
- 토목기사/ 토목시공기술사/ 토목분야 특급기술자/
  도로및공항분야 특급기술자

㈜유신
배종규 전무

- 현) ㈜유신 건설사업관리부 전무
- 쿠웨이트 인천공항
- 리스에이앤에이, ㈜건화
- 인천국제공항공사
- 대우건설
- 경희대학교 토목공학과 졸업
- 미국 PMP(Project Management Professional)
- 토목기사, 건설재료시험기사, 토목시공기술사,
  도로및공항기술사

한국토지주택공사
이준성 차장

- 현) 한국토지주택공사 차장
- 현대건설
- 충남대학교 토목공학과 지반공학 박사
- 충남대학교 토목공학과 지반공학 석사
- 전남대학교 토목공학과 졸업
- 건설안전기술사/ 토질 및 기초기술사/
  토목시공기술사(최연소, 만28세)/ 토목기사 취득
수상
- '12.12 국토해양부 장관 표창

서울기술연구원
이영석 연구원

- 현) 서울기술연구원 연구원
- 한양대학교 건설환경공학 박사 수료
- 토목시공기술사 / PMP 취득
- 현대건설 기술연구소
- 임페리얼컬리지런던 토질역학 석사
- 한양대학교 융합전자공학부 & 건설환경공학 학사
수상
- 21세기를 이끌어갈 우수인재상 (대통령상) 수상자

Chapter 2

토목공학기술자의 생생 경험담

Chapter 3

예비 토목공학기술자 아카데미

CHAPTER

|1|

토목공학기술자,

어떻게
되었을까
?

토목공학기술자란?

토목공학기술자란

시민들의 편의를 위해 지역과 지역을 연결하기 위한 도로, 철도, 교량, 터널, 항만 등과 같은 기반 시설이나, 가뭄이나 홍수로부터 피해를 예방하기 위한 댐, 제방과 같은 시설을 계획 및 설계하고 시공하는 전문 엔지니어.

- 토목공학기술자는 국가 기반 시설인 도로, 철도, 교량, 터널, 항만, 상하수도, 댐 등을 계획설계하고 시공한다.
- 설비계획 또는 사업계획에 의하여 공사 일정, 설계 일정, 공사 기간 등 단위공사의 기본계획을 작성한다.
- 기전(機電) 및 건축 기타 당해 설비의 규모, 기능, 하중 등을 파악하여 토목시설물의 규모, 형태 등이 소관 설비의 사양에 적합한가를 검토·판단한다.
- 경제성 등을 고려하여 토목시설물의 재료를 선택하고 기기의 하중, 풍압 등의 조건에 적합한 구조를 결정하며 색채, 외형 등이 균형과 조화를 이루도록 한다.
- 토목시설물 공사의 각 작업 과정 소요 일정을 판단하고, 기전 설비와의 연관관계를 검토하며, 작업의 우선순위, 기후조건 등을 고려하여 종합공정표를 작성하고 공정대로 공사가 진행되도록 자재, 인원, 장비의 투입 등 전반적인 공정을 검토·분석한다.
- 측량, 조사시험, 설계 등의 용역과 공사시공에 따른 과업 지시서, 시공품의 중간검사, 설계변경, 준공검사 등과 시설공사의 감리업무 등 제반행정처리 업무를 수행한다.

출처: 두산백과/ 커리어넷

토목공학기술자의 직업전망

(연평균 취업자 수 증감률 추정치)

감소 · -2% 미만 | 다소 감소 · -2% 이상 -1% 이하 | 유지 · -1% 초과 +1% 미만 | 다소 증가 · 1% 이상 2% 이하 | 증가 · 2% 초과

향후 10년간 토목공학기술자의 고용은 현 상태를 유지하는 수준이 될 것으로 전망된다. 「중장기 인력수급 수정 전망 2015~2025」(한국고용정보원, 2016)에 따르면, 토목공학기술자는 2015년 약 71.9천 명에서 2025년 약 70.7천 명으로 향후 10년간 1.2천 명(연평균 0.2%) 정도 다소 감소하는 것으로 나타났다. 토목공학기술자의 일자리는 도로, 철도, 항만 등의 사회기반시설 중심의 공공부문 건설경기에 주로 영향을 받으며, 민간부문에서는 신도시나 대규모 아파트 단지 조성 사업 등에 영향을 받는다. 한국건설산업연구원의 「향후 국내 건설경기 하락 가능성」(이홍일·박철한, 2016)에 따르면, 국내 건설경기의 선행 지표라고 할 수 있는 국내 건설 수주는 2015년의 호황기를 지나 2016년 하반기부터 내림세로 접어들고 2017년 이후 2~3년간 내림세를 지속할 것으로 예측된다. 건설투자는 건설 수주에 후행하는 특성을 고려할 때 2017년 하반기부터 하락하여 2018년 이후에 큰 폭으로 감소할 것으로 전망된다.

현재 우리나라는 도로, 철도, 항만 등의 사회기반시설 건설을 지속해서 수행해온 결과 사회기반시설이 어느 정도 갖추어진 성숙기에 접어들었고 이는 공공부채 증가를 억제하려는 정부정책과 더불어 신규 공공 건설투자를 위축시키는 요인이 될 것이다. 또한 정부는 2016년 8월 25일에 급증하는 가계부채 증가세를 억제하기 위해 신규 분양물량을 조절할 것이라는 내용을 담은 정책 방안을 발표한 바 있다. 이는 신도시 개발이나 신규 택지개발 사업이 줄어들 것이라는 것을 의미한다.

또한 토목공학기술자의 일자리는 해외 건설 수주에도 큰 영향을 받는다. 우리나라의 해외 건설·플랜트 사업 수주실적은 2015년부터 부진을 면치 못하고 있다. 해외건설협회의 해외 건설 수주통계를 보면, 해외건설수주액이 2003년 36억 달러였던 것이 2013년 652억 달러에 이르렀으나, 2015년에는 약 461억 달러로 급감하였고 2016년 상반기 수주액은 지난해 같은 기간보다 41% 급감하여 2009년 이후 최저 수준을 기록하였다. 이는 저유가 기조와 브렉시트(영국의 유럽연합 탈퇴) 영향(유가 하락, 조달 금리 상승에 따른 프로젝트 파이낸싱 시장의 위축, 유로화 약세에 따른 유럽 EPC(대형 건설 프로젝트나 인프라 사업 계약을 체결한 사업자가 설계, 조달, 시공 등 전 분야를 모두 실시하는 것) 업체의 경쟁력 상승), 중국 등 신흥국과의 경쟁 심화 등으로 인해 중동지역과 플랜트 부문에서 수주 부진이 집중되고 있기 때문이다.

반면에, 토목공학기술자의 고용에 긍정적 영향을 미치는 요인도 많다. 공공토목건설 투자 확대가 쉽지는 않겠지만, 국가균형발전을 위한 사회기반시설 확충이라는 측면에서 꾸준한 투자가 이루어질 것이다. 우리나라의 국토계수당 도로 보급률은 1.50으로 OECD 국가들에 비하면 아직 낮은 편이다. 특히, 도로 포장률이 서울, 대구, 대전 등 주요 도시를 제외하면 지방은 70~80%대로 낮다. 따라서 지방을 중심으로 도로 건설 및 포장 공사가 지속해서 추진될 것이고, 기존 도로에 대한 개선(기능 및 위험) 및 유지보수 공사도 꾸준히 이루어질 것이다. 또한 신규 철도 및 도시철도 건설이 일부 진행될 것이며, 기존 노후화된 철도에 대한 안전 및 시설개량 사업도 진행될 것이다. 소규모 공항 및 항공교통 센터에 대한 신규 투자도 추진될 것이다.

또한 우리나라도 지진이 잦아지고 강도가 커짐에 따라 건축물 구조진단 업무와 보강 업무가 증가할 거로 예상되어 구조기술자나 안전 진단전문가와 더불어 건설구조 관련 기능공에 대한 수요가 증가할 것이다. 정부는 문화관광 서비스산업 발달로 경관자원의 활용 가치가 증가함에 따라 국토 경관개선 및 관리 부문에 대한 투자를 늘릴 예정이다. 국내와 해외에서 태양광, 풍력 등 신재생에너지에 대한 신규 투자가 증가하여 단지 조성을 위한 수요가 증가할 것이다. 정부와 민간에서의 건설기술 개발 투자 확대는 건설 엔지니어링과 연구개발 부문에 관한 기술 및 연구 인력에 대한 수요를 증가시킬 것이다.

이상에서 살펴보았듯이 토목공학기술자의 고용에 긍정적 요인이 여럿 있지만, 향후 건설경기가 좋지 않기 때문에 토목공학기술자의 고용은 부정적 전망이 더 크다고 할 수 있다. 그러나 건설업계는 국내외 경기 부진 지속, 국제 경쟁력 하락 등으로 외환위기(IMF) 이후 오랫동안 상시로 인적 구조조정을 해 왔기 때문에 추가 인력감축이 크지 않을 것이다. 따라서 향후 10년간 토목공학기술자의 일자리는 다소 감소하거나 현 상태를 유지하는 수준이 될 것이다. 한편, 남북통일이 된다면 건설업에서 가장 많은 일자리가 생겨날 것이다. 도로, 철도, 교량, 항만, 공항, 전력공급 시설 등 북한의 낙후된 SOC 시설을 비롯하여 부족하고 낙후된 주택을 건설하기 위해 대규모 공사가 이루어질 것이다. 남한의 기술자와 숙련기능자들이 대거 투입될 것이고, 그 외 북한 근로자에 대한 기술지도와 직업훈련을 위한 인력도 대거 필요하게 될 것이다.

출처: 직업백과

토목공학기술자의 근무 여건

◆ 토목공학기술자 직업 전망

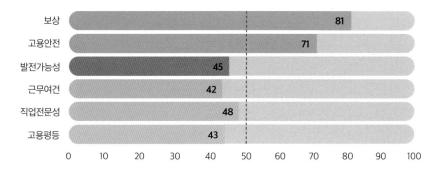

- 토목공학기술자의 임금은 다른 직업보다 높은 편으로 나타났다.
- 토목공학기술자는 정규직으로 고용되는 비율이 비교적 높고 고용유지의 수준도 전체 평균보다 높은 편이다.
- 토목설계를 위한 아이디어를 창출해야 하고 설계 마감일에 쫓기며 일할 때가 많으므로, 초과근무나 야간근무가 많아 전체적으로 근무시간이 많고 정신적 스트레스도 많이 받는 편이다.
- 토목공학에 관한 전문지식이 요구되고, 사회적 평판이 좋은 편이다.
- 여성 인력들이 증가하고 있으나 아직은 전체 직업 평균보다 양성평등이 잘 이루어진다고 볼 수는 없다.

    토목엔지니어링업체 등에 근무하는 경우, 주로 사무실에서 설계 업무를 수행하게 되는데, 설계 마감일에 쫓기게 되면 초과근무나 야간근무를 하는 경우가 있다. 설계 전 부지조사나 공사 감리를 위해 공사 현장에 출장을 나가기도 한다. 토목공사 현장에서 시공관리 등의 업무를 수행하는 경우, 국내 또는 해외 각지의 토목공사 현장에서 공사 기간 머물며 일한다. 콘크리트 타설 등 품질관리 상 중간에 작업을 그만둘 수 없는 경우나 정해진 기간 내에 공사를 마치기 위해 연장근무를 하기도 한다. 도심지역에서 공사할 때는 교통의 혼잡을 피하고 차량과 통행인의 안전을 위하여 야간작업을 하기도 한다. 공사 현장은 사고위험에 노출되어 있기에 항상 안전사고 예방에 주의해야 한다.

출처: 커리어넷/ 직업백과

토목공학기술자가 되려면?

■ 교육 및 훈련

전문대학이나 대학교에서 토목공학 관련 학과를 전공하는 것이 일반적이다. 토목공학과에 입학하면 정역학, 동역학, 재료역학, 유체역학 등 공학의 기초과목과 구조역학, 토질역학, 암반역학, 측량학, 수리학, 수문학, 상하수도공학, 철근콘크리트공학, 교량공학, 도로공학, 철도공학, 터널공학, 댐공학, 항만공학, 토목설계 및 시공학, 지질학 등의 전공과목을 배운다.

■ 관련 학과

토목(공)학과, 건설공학과, 구조공학과, 농업토목공학과, 해양토목공학과, 토목환경공학과, 건설시스템공학과, 건설토목과, 토목설계과, 지역환경토목학과, 산업토목학과, 철도토목학과, 토목도시환경과 등

■ 관련 자격

토목구조기술사, 토질및기초기술사, 항만및해안기술사, 농어업토목기술사, 도로및공항기술사, 상하수도기술사, 수자원개발기술사, 지질및지반기술사, 토목시공기술사, 토목기사/산업기사, 토목품질시험기술사, 건설재료시험기사/산업기사/기능사, 응용지질기사, 측량및지형공간정보기술사/기사/산업기사, 측량기능사, 콘크리트기사/산업기사, 철도기술사, 철도토목(철도보선)기사/산업기사/기능사, 전산응용토목제도기능사, 건설안전기술사/기사/산업기사건축품질시험기술사 (이상 한국산업인력공단)

◆ 토목시공기술사

① 시 행 처 : 한국산업인력공단
② 관련 학과 : 대학 및 전문대학에 개설된 토목공학 관련 학과
③ 시험과목 : 시공계획, 시공관리, 시공설비 및 시공기계 기타 시공에 관한 사항
④ 검정 방법
  - 필기 : 단답형 및 주관식 논술형(매 교시 100분, 총 400분)
  - 면접 : 구술형 면접시험(30분 정도)
⑤ 합격 기준 : 100점 만점에 60점 이상

◆ **토목구조기술사**

① 시행처 : 한국산업인력공단

② 관련 학과 : 대학 및 전문대학에 개설된 토목공학, 건축공학 관련 학과

③ 시험과목 : 구조해석, 철골구조, 철근콘크리트구조, 콘크리트구조 및 시멘트제품 기타 구조물에
　　　　　　관한 사항.

④ 검정 방법

　- 필기 : 단답형 및 주관식 논술형(매 교시 100분, 총 400분)

　- 면접 : 구술형 면접시험(30분 정도)

⑤ 합격 기준 : 전 과목 평균 60점 이상 득점자

◆ **지질및지반기술사**

① 시행처 : 한국산업인력공단

② 관련 학과 : 대학의 지질공학, 응용지질, 지구물리, 지구과학 등 관련 학과

③ 시험과목 : 지질 및 지반조사 평가·분석, 지하자원조사, 지진측정·평가·분석, 지하수조사, 지구
　　　　　　물리탐사, 기타 지질 및 지반설계, 감리 등에 관한 사항

④ 검정 방법

　- 필기 : 단답형 및 주관식 논술형 (매 교시 100분, 총 400분)

　- 면접 : 구술형 면접 (30분 정도)

⑤ 합격 기준 : 필기·실기 : 100점을 만점으로 하여 60점 이상

◆ **토질 및 기초기술사**

① 시행처 : 한국산업인력공단

② 관련 학과 : 대학 및 전문대학의 토목공학, 지질공학 관련 학과

③ 시험과목 : 토질, 토질구조물 및 기초, 기타 토질과 기초에 관한 사항

④ 검정 방법

　- 필기 : 단답형 및 주관식 논술형(매 교시 100분, 총 400분)

　- 면접 : 구술형 면접시험(30분 정도)

⑤ 합격 기준 - 전 과목 평균 60점 이상 득점자

◆ **토목품질시험기술사**

① 시행처 : 한국산업인력공단

② 관련 학과 : 대학 및 전문대학에 개설된 토목공학 관련 학과

③ 시험과목 : 토목재료의 특성, 용도, 시험 및 재료역학에 관한 사항과 기타 품질관리에 관한 사항

④ 검정 방법

　- 필기 : 단답형 및 주관식 논술형(매 교시 100분, 총 400분)

　- 면접 : 구술형 면접시험(30분 정도)

⑤ 합격 기준 : 전 과목 평균 60점 이상 득점자

◆ 건설안전기술사

① 시행처 : 한국산업인력공단

② 관련 학과 : 대학과 전문대학의 산업안전공학 및 건설안전공학, 건축공학 관련 학과

③ 시험과목 : 산업안전관리론(사고원인분석 및 대책, 방호장치 및 보호구, 안전점검 요령), 산업
　　　　　　심리 및 교육(인간공학), 산업안전관계법규, 건설산업의 안전운영에 관한 계획, 관
　　　　　　리, 조사, 기타 건설안전에 관한 사항

④ 검정 방법

　- 필기 : 단답형 및 주관식 논술형(매 교시 100분 총 400분)

　- 면접 : 구술형 면접시험(30분 정도)

⑤ 합격 기준 : 100점 만점에 60점 이상

출처: 큐넷/ 직업백과

토목공학기술자의 자질

— 어떤 특성을 가진 사람들에게 적합할까? —

- 토목공학기술자는 공사 완공 일정을 준수하고 작업 상황을 진척시킬 수 있는 책임감과 리더십이 필요하다.
- 다양한 사람들과 함께 근무하기 때문에 협동심, 자기 통제력, 원만한 대인관계가 필요하며, 건설 현장의 작업 환경에 적응할 수 있는 인내심과 끈기가 필요하다.
- 관습형과 탐구형의 흥미를 지닌 사람에게 적합하며, 리더십, 협조심, 분석적 사고 등의 성격을 가진 사람들에게 유리하다.

토목공학기술자와 관련된 특성

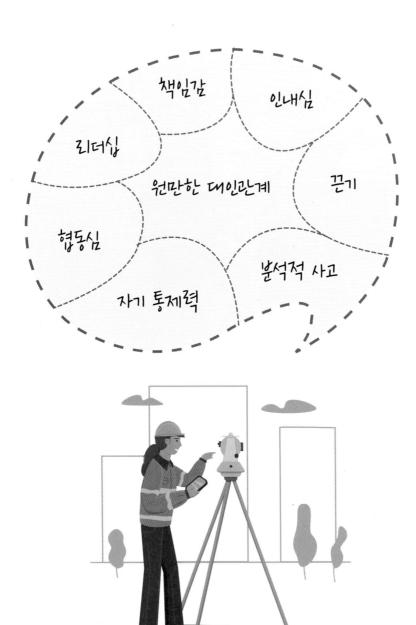

책임감
인내심
리더십
원만한 대인관계
끈기
협동심
분석적 사고
자기 통제력

토목공학기술자의 진출 분야

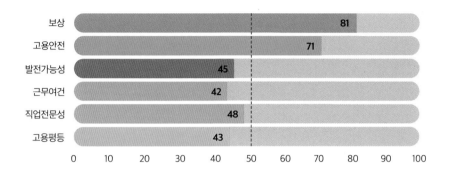

주로 건설회사나 토목엔지니어링회사, 토목감리전문업체에 취업하며, 이외에 상하수도전문공사업체, 도로포장 전문공사업체, 철도궤도 전문공사업체 등 토목공사 전문업체에 취업할 수 있다. 중앙부처나 지방자치단체의 기술직 공무원이 되거나 석·박사 학위를 취득한 후 토목 관련 연구기관에서 연구원으로 활동하기도 하고 대학교수로 진출할 수도 있다.

공개채용을 통해 취업하는 것이 일반적이나 소규모 회사의 경우는 인맥을 통해 수시로 채용되기도 한다. 기술직 공무원이 되기 위해서는 기술직 공무원 시험에 합격해야 하며, 공공기관으로 진출하기 위해서는 기관 자체의 입사 시험을 통과해야 한다. 이때 관련 자격증을 소지하면 가산점을 부여받기도 한다.

건설업체에 입사 후 2~4년 정도의 경력을 쌓으면 토목공학 경력기술자로 인정받을 수 있다. 기사자격 취득 후 실무경력 4년 이상이면 기술사 응시 자격이 되는데, 토목 관련 기술사에 합격하면 업계에서 최고 전문가로 인정받을 수 있다. 건설공사 및 인력을 관리할 수 있는 정도의 경력이 되면 현장소장(직책은 공사 규모에 따라 다름)이 된다. 충분한 기술과 경력을 쌓은 후에는 토목설계·감리·자문을 하는 엔지니어링 회사를 창업하기도 한다.

출처: 직업백과

"토목공학기술자에게 필요한 자질은 어떤 것이 있을까요?"

톡(Talk)!
김민호

건설 경험과 더불어 꾸준히 공학적 지식을 습득해야 해요.

토목은 지상과 지하에 건설하는 모든 구조물의 근간이 되는 복합적인 기술 분야라고 할 수 있습니다. 교량, 터널, 고층 건물, 댐, 상하수도 등 국가 기반 사업의 다양한 시설물을 설치하는 분야죠. 그래서 건설 경험과 함께 공학적인 전문지식도 무엇보다 중요하다고 할 수 있어요. 따라서 토목 분야의 직업을 얻게 되면 꾸준히 전문지식을 습득하기 위한 노력을 게을리해서는 안 된다고 봐요.

톡(Talk)!
배종규

책임감을 기반으로 한 전문성과 진실성을 갖춰야 해요.

토목공학기술자가 만드는 대부분 시설이 사회간접자본으로 이루어져 있어요. 사람들이 일반적으로 이용하는 시설(도로, 교량, 비행장시설 등)이 대부분 국가 예산으로 집행되고 있고요. 따라서 다른 직업보다 더 강한 책임감이 있어야 합니다. 이러한 책임감을 품고 있다면 전문적인 지식과 기술, 진실성은 자연스럽게 갖추게 된다고 봐요.

톡(Talk)!
김영국

다양한 분야의 사람들과
협업하고 소통할 줄 알아야 하죠.

토목공학기술자에 의해 건설되는 토목시설물은 매우 다양하며, 건설과정에서 수행되는 업무영역도 그 범위가 방대하거든요. 결코 혼자의 힘으로 만들어지는 결과물이 아닙니다. 따라서 훌륭한 토목공학기술자란 개인 능력도 중요하겠지만, 다양한 분야 사람들과의 협업 능력과 소통이 중요하다고 봐요. 또한 현대사회는 IT 산업기술이 혁신적으로 빠르게 변화하고 있어요. 이에 발맞추어 토목시설물에도 이를 접목할 수 있도록 코딩학습 등 스펀지와 같은 자세와 역량을 갖추어야 합니다.

톡(Talk)!
강두헌

정확하고 신속한 문제해결 능력을
갖추는 게 중요하답니다.

꼭 필요한 자질 한 가지를 꼽자면 '문제해결 능력'이라 생각해요. 토목공학은 기술적 지식은 기본으로 갖추고 있어야 하고, 수행 프로젝트별로 다양한 현안이 존재하죠. 이때 발생하는 여러 가지 문제를 고민만 하고 있다가는 답이 안 나와요. 어떤 문제점이 발생하였을 때 정확하고 신속하게 처리하는 능력이 토목공학기술자에게는 필수적인 자질이에요.

전문적인 토목 지식과 더불어
의사소통역량이 필요하다고 봐요.

토목 지식은 대학 과정에서 충분히 얻을 수 있으나, 의사소통역량은 스스로가 노력해야 하죠. 다른 산업보다도 의사소통이 중요한 이유는, 토목 사업은 발주처, 시공사, 설계사, 감리사 등의 이해관계가 아주 복잡하게 얽혀있어요. 같은 회사 내에서도 다양한 분야의 전문가들이 함께 일하다 보니 서로 협력하고 소통하는 자세가 필요합니다.

업무에 대한 자긍심과 책임감이라고 생각해요.

토목 현장에서 근무하다 보면 힘겨울 때가 많아요. 하지만 이 도로, 이 교량, 이 지하철이 완공되었을 때 많은 시민이 편리하게 이용하는 모습을 떠올리면, 이 일에 대한 책임감이 느껴지거든요. 더불어 자긍심과 보람도 느껴지죠.

내가 생각하고 있는 토목공학기술자의
자질에 대해 적어 보세요!

토목공학기술자의 좋은 점·힘든 점

| 좋은 점 |
다양한 분야에 진출할 기회가 많아요.

토목인의 장점은 무엇보다 다양한 분야에 진출할 기회가 많다는 겁니다. 본인의 적성에 맞는 분야를 선택해서 진로를 정할 수 있다는 게 큰 장점이라고 할 수 있어요. 예를 들어 토목의 전문분야가 토질지질, 토목구조, 토목시공, 상하수도 등 총 12개 분야로 세분화하는데, 그만큼 취업할 수 있는 분야가 넓다는 얘기죠.

| 좋은 점 |
무엇보다 취업하기가 수월하다고 볼 수 있죠.

일반 사무직보다 일자리 구하기가 좀 쉬운 것 같네요. 그리고 나이 들어도 그동안 경력 인정받으면서 오래 일할 수 있죠.

| 좋은 점 |

공기업에서 일하다 보니 비교적 안정적이죠.

다른 토목 관련 회사와 달리 공기업이다 보니 잦은 이사 없이 가족과 함께 정착하며 일할 수 있어서 정서상으로 안정적이라고 할 수 있겠네요. 또한 토목시설물은 대부분 공공기반시설물이기에 제가 하는 업무를 통해 지역 사회에 공학적 혜택을 준다는 보람과 자부심을 품기도 하죠.

| 좋은 점 |

수행한 연구에 대한 피드백을 바로 받을 수 있답니다.

연구원에서 일하다 보니 다른 토목 분야처럼 지방이나 현장 근무를 하지 않아서 비교적 편한 면은 있어요. 또한 서울시정에 맞는 연구를 수행하여 즉시 반영이 되는 게 매력적이라고 할 수 있겠네요.

| 좋은 점 |
시설물을 완성하면 자긍심, 자부심, 희열이 느껴져요.

공공의 이익을 위한 직업이라는 자긍심이겠죠. 제가 만든 시설물을 지날 때마다 이 시설물을 만들었다는 자부심과 희열이 있거든요. 그리고 토목 분야가 워낙 다양해서 여러 분야로 진출할 수 있어요. 교수, 설계사, 시공사, 공공기관, 공무원 등 본인의 의지에 따라 어디든지 갈 수 있답니다.

| 좋은 점 |
고용 안정성이 높고 경력에 따른 보상도 따릅니다.

국가기반산업 일이 많다 보니 제가 그만두지 않는 한 고용 안정성은 높다는 것을 꼽을 수 있겠네요. 또한, 경력이 쌓일수록 외부 활동 분야도 많아지게 되고, 개인의 노력에 따라 기술력도 높아지면서 자연스럽게 연봉도 올라가죠.

톡(Talk)!
김민호

| 힘든 점 |
토목 사업의 특성상 근무지를
자주 옮겨야 하는 부담이 있답니다.

　근무 여건상 건설 현장 근무가 많아 근무지를 자주 옮겨 다녀야 한다는 게 가장 큰 단점이라고 할 수 있겠네요. 대부분 건설 현장에서 감독, 시공, 감리 등의 업무를 수행하거든요. 물론 본사 또는 설계사에 근무하는 경우는 예외입니다. 그러다 보니 거주지에 상관없이 발령받은 건설 현장에 따라 평균적으로 2~3년에 한 번씩 근무지를 옮겨 다녀야 하는 불편함이 있죠.

톡(Talk)!
김영국

| 힘든 점 |
국민의 안전과 관련이 있는 일이라서
늘 긴장감을 늦출 수 없죠.

　늘 긴장감이 있는 거 같아요. 시설물의 안전과 국민의 안전을 책임지는 업무라서 시설물의 이상 유무를 상시 확인해야 하고, 강풍이 불거나 눈 소식이 있으면 긴장을 늦출 수 없죠. 그리고 일반적으로 토목건설공사는 규모가 커서 건설 현장의 특성상 몇 년간의 공사 기간이 끝나면 다른 지역으로 거주지를 옮겨야 하는 단점도 있어요. 특히 자녀를 둔 가장이라면 가족과 떨어져 생활하거나 함께 거주지를 옮겨 다녀야 하는 불편함도 감수해야 할 거예요.

톡(Talk)!
이영석

| 힘든 점 |

토목 현장에서 벗어나 정책에만 몰두하는 게 아쉽기도 해요.

건설산업의 전방이 아닌 서울시 정책을 마련하는 점에서 조금 아쉬운 점은 있죠. 토목 건설 현장에서 느낄 수 있는 스케일과 보람 같은 게 있거든요.

톡(Talk)!
강두헌

| 힘든 점 |

국가정책 사업을 하다 보면
빠듯한 일정으로 야근할 때도 생겨요.

국가정책에 의한 사업들을 수행하다 보면 불가피하게 야근하는 때도 생기고 빠듯한 일정 속에서 업무를 해야 할 때가 있어요. 하지만 보통 팀 단위로 프로젝트를 수행하기 때문에 팀원끼리 마음을 맞추면 그리 어렵지 않게 해결할 수 있으니 너무 걱정할 필요는 없을 거 같네요.

| 톡(Talk)! |
이준성

| 힘든 점 |
토목 현장의 근무환경이 열악하답니다.

　근무 현장의 환경이 도심지 외곽으로 다소 열악한 환경에서 근무하게 됩니다. 물론, 공무원이나 교수님들은 예외겠지만요.

| 톡(Talk)! |
배종규

| 힘든 점 |
지방이나 해외에서 근무한다면
가족, 친구들이 그리워질 때가 있죠.

　건설산업의 특성상 기복이 크답니다. 경기가 나쁘면 일자리가 줄어들겠죠. 도시에서 근무할 수 있는 공무원, 공기업, 설계회사는 예외겠지만, 시공회사에 근무하면 가족과 떨어져 사는 시간이 너무 많아요. 저처럼 해외에서 근무하는 경우엔 가족, 친구들과 떨어져 있는 기간이 더더욱 길고요.

토목공학기술자 종사현황

성별

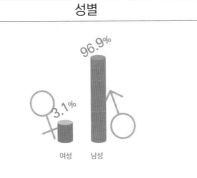

3.1% 여성
96.9% 남성

학력

4% 고졸이하
13% 전문대졸
76% 대졸
7% 대학원졸

연령

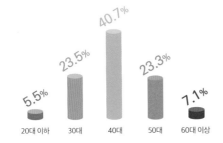

5.5% 20대 이하
23.5% 30대
40.7% 40대
23.3% 50대
7.1% 60대 이상

임금

3,800만원 하위(25%)
4,650만원 중위(50%)
5,200만원 상위(25%)

○ 임금수준
　토목공학기술자의 임금수준은 하위(25%) 3,800만 원, 평균(50%) 4,650만 원, 상위(25%) 5,200만 원이다.

○ 학력 분포
　토목공학기술자의 학력 분포는 고등학교 졸업 4%, 전문대학교 졸업 13%, 대학교 졸업 76%, 대학원 졸업 7%이다.

○ 직업 만족도
　토목공학기술자에 대한 직업 만족도는 65%(백 점 기준) 이다.

출처: 커리어넷 (워크넷 직업정보)

CHAPTER

| 2 |

토목공학기술자의

생생
경험담

미리 보는 토목공학기술자들의 커리어패스

김민호 차장 · 창원대학교 토목공학 학사 > 토목시공기술사, 토목품질시험기술사, 건설안전기술사, 지질및지반기술사 등

김영국 부장 · 충북대학교 토목공학 석사 > 한국산업인력공단 국가기술자격 시험위원, 국토교통부/해양수산부 한국도로공사 기술자문위원

강두헌 부장 · 동아대학교 토목공학과 학사 > (주)경동엔지니어링

배종규 전무 · 경희대학교 토목공학과 졸업 > 인천국제공항공사, (주)대우건설 토목시공기술사, 도로및공항기술사 취득

이준성 차장 · 전남대학교 토목공학과 졸업 > 현대건설, 토목시공기술사 취득(최연소, 만28서

이영석 연구원 · 한양대학교 융합전자공학부 & 건설환경공학 학사 > 임페리얼컬리지런던 토질역학

정부/지차체 기술자문위원,
기술사·기사 시험 출제위원
부경대학교 안전공학 석사

현) 한국전력공사 차장

한국기술사회 부산지회 부회장,
국토안전관리원 인재교육원 외부 강사

현) 부산시설공단 부장

토목시공기술사,
토목분야 특급기술자,
도로 및 공항 분야 특급기술자

현) (주)도화엔지니어링 도시단지부 부장
현) 7기 LH 기술심의위원으로 위촉

(주)리스에이앤에이, (주)건화
쿠웨이트인천공항, PMP 취득

현) (주)유신 건설사업관리부 전무
   -해외 및 공항업무

토질 및 기초기술사,
국토해양부 장관 표창,
충남대학교 토목공학과 지반공학 박사

현) 한국토지주택공사 차장

현대건설 기술연구소,
토목시공기술사, PMP 취득

현) 서울기술연구원 연구원
한양대학교 건설환경공학 박사 수료

어린 시절 시골 마을에서 태어나 동네 친구들과 운동을 즐겨 하였다. 시골에서 자란 영향으로 새벽 4시에 일어나서 하루를 시작할 만큼 부지런한 습관이 몸에 배었고, 현재까지도 새벽 기상을 유지하고 있다. 부모님의 권유로 토목공학과에 진학하였고, 대학교 테니스 대회 등을 개최하는 대표 역할을 하면서 다양한 인간관계를 경험하고 책임감과 리더십을 키웠다. 학업에도 충실하여 4년 동안 장학금을 받았으며, 대한건설협회의 장학생으로 선정되는 영광을 누리기도 했다. 졸업 후에 한국철도공사의 경력을 거쳐 2008년도부터 한국전력공사에 재직 중이다. 4기술사(토목시공, 토목품질시험, 건설안전, 지질및지반)이며 공사 및 공단의 심의·자문위원 및 기술사·기사 시험 출제위원이기도 하다. 현재는 '제주한림해상풍력'에 파견되어 대규모 해상풍력 건설사업의 공사 감독을 맡고 있다.

한국전력공사
김민호 차장

현) 한국전력공사 차장
- 부경대학교 안전공학 석사
- 경상남도/울산광역시/대전국토관리청 기술자문위원
- 기술사·기사 시험 출제위원
- 한국철도공사
- 창원대학교 토목공학 학사
- 토목시공기술사/토목품질시험기술사/건설안전기술사/
  지질및지반기술사
수상
- 전국품질분임조경진대회 대통령상 외 다수

토목공학기술자의 스케줄

김민호
차장의
하루

* 크게 '사무실 업무'와 '현장 업무' 그리고 대외 교육이나
행사 참여와 같은 '외근(출장)'으로 구분됩니다.

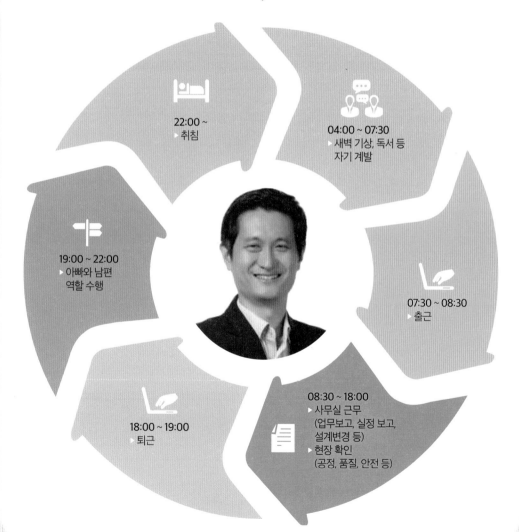

22:00 ~
▶ 취침

04:00 ~ 07:30
▶ 새벽 기상, 독서 등
자기 계발

19:00 ~ 22:00
▶ 아빠와 남편
역할 수행

07:30 ~ 08:30
▶ 출근

18:00 ~ 19:00
▶ 퇴근

08:30 ~ 18:00
▶ 사무실 근무
(업무보고, 실정 보고,
설계변경 등)
▶ 현장 확인
(공정, 품질, 안전 등)

운동을 좋아한
시골 마을
개구쟁이

▶ 어릴 적 사진

▶ 진해 벚꽃 군항제에서

▶ 중학교 졸업식날 아버지와 함께

어린 시절 어떤 환경에서 자라셨나요?

저는 시골 마을에서 태어나서 유년 시절 친구들과 동네 구석구석을 뛰어다니며, 동네 골목대장을 자청할 만큼 개구쟁이였답니다. 어린 시절부터 운동을 좋아해서 동네 아이들과 들판에서 손 야구를 즐겨 했죠. 초등학교 저학년까지만 해도 야구 선수가 되는 것이 꿈이었으니까요. 장난을 좋아하는 개구쟁이이긴 했지만, 남들 앞에서는 부끄러움을 많이 타는 내성적인 학생이기도 했죠. 부모님께서는 싸워 본 적이 없을 만큼 부부 사이가 좋으셨어요. 집안 형편이 넉넉하지는 않았지만, 어릴 적부터 지금까지 집안이 불행하다고 생각해 본 적은 없어요.

Question 학창 시절 특별히 좋아하거나 잘했던 과목이나 분야가 있었나요?

공부를 전반적으로 잘하는 편은 아니었지만, 수학 과목은 좋아했던 것 같네요. 타 과목보다 수학에는 관심이 많아서 더 열심히 공부했고, 그래서인지 시험 점수도 항상 다른 과목보다 높게 나왔던 걸로 기억해요. 지금처럼 방과 후 수업이 없었던 그 시절에는 학교 수업이 끝나면 집으로 바로 돌아와서 친구들과 노는 데 정신이 팔렸죠.

Question 중고등학교 시절 학교생활에 대해서 말씀해주세요..

시골 학교이긴 했어도 반에서 항상 상위권을 유지하려고 부단히 노력했죠. 중학교 2학년 때에는 처음으로 반에서 1등을 한 경험이 있고요. 학창 시절 대부분 남자 친구들과 어울려 다녔고, 여자 친구들 앞에서는 부끄러워서 수줍어하는 내성적인 학생이었습니다.

Question 중고등학교 시절 진로에 도움이 될 만한 활동을 하셨나요?

사실 중고등학교 시절까지만 해도 제가 토목 분야를 선택할 줄은 몰랐어요. 다만, 시골에서 생활하다 보니 남들보다 일찍 기상하는 습관을 들일 수 있었는데, 40대인 지금도 새벽 4시에 기상을 한답니다. 이렇게 아침 일찍 일어날 수 있는 이유가 바로 어린 시절부터 익혔던 습관 때문이라고 생각해요.

Question 토목공학과를 선택하시게 된 특별한 이유가 있었나요?

대학교를 진학하기 전까지만 해도 어떤 직업이 저에게 적성이 맞는지 고민하지 않았어요. 대학교 전공에 관한 정보나 희망 직업에 너무 무관심하였기에 그냥 부모님께서 권유하는 학과를 선택하였습니다. 부모님이 권유하신 학과가 바로 토목공학과인데, 지금은 토목공학자라는 직업이 저에게 천직이라고 생각하며 만족하고 있어요. 토목공학은 우리나라의 기반시설인 교량, 터널, 항만, 댐, 철도, 상하수도, 고층 건물 등을 건설하기 위한 공학적인 기술이 필요한 학문이에요. 근무할 수 있는 분야가 워낙 방대하다 보니 졸업 후에 취업이 잘될 거라는 기대 때문에 저도 부모님의 뜻을 따랐죠.

Question 대학에 들어가서 동아리 활동도 열심히 하셨나요?

워낙 운동을 좋아해서 입학하자마자 테니스 동아리에 들어갔어요. 대학 시절 내내 테니스의 매력에 빠져 땡볕에서 땀을 뻘뻘 흘리면서 온종일 운동한 적이 한두 번이 아니었답니다. 우리 대학교와 자매교류를 맺은 타 대학 2개 학교와의 교류전을 매년 개최했었는데, 그것이 교우 관계를 넓힐 수 있는 계기가 되었죠. 대학 3학년 시절에는 동아리 회장을 맡으며 대학교 테니스 대회 등을 개최하는 대표 역할도 했고요. 4년 동안 각종 테니스 대회에도 참가하여 우승 트로피를 몇 번 거머쥐었을 정도로 테니스 동아리는 대학 시절 저에게 가장 많은 추억을 안겨주었던 활동이었습니다. 이때의 동아리 활동에서 다양한 인간관계를 경험했고, 동아리를 운영하면서 리더십과 책임감을 기를 수 있었다고 봐요.

Question 대학에서 전공과목을 듣는 데 어려움은 없었나요?

2학년 때부터 전공 수업을 들었는데, 처음에는 토목공학이란 분야가 저에게 너무 낯설고 힘든 학문으로 느껴졌어요. 고등학교 시절까지 수학엔 자신이 있었지만, 스스로 깨우쳐야 하는 전공과목이 많아서 기본적인 이론을 이해하는 데 어려움이 있었죠. 특히, 원서로 수업을 진행하는 과목은 번역하는 데에만 많은 시간이 걸리거든요. 시험 기간이 되면 도서관에서 제일 늦게까지 남아 있을 정도로 학업에 매진했습니다. 동아리 활동뿐만 아니라, 학업에도 충실하여 4년 동안 장학금을 받았어요. 3학년 때에는 대한건설협회의 장학생으로 선정되는 영광을 누리기도 했었죠.

Question 대학 시절의 동기나 후배들을 지금도 만나신다고요?

교내활동으로 여름 방학 때 타 대학교와 연계된 계절학기 수업이 기억에 많이 남아요. 전라도에 있는 타 대학교에서 수업도 받고, 전라도 지역 여러 곳을 탐방하여 그 지역을 자세히 알 수 있었죠. 그 수업을 통해 인연이 된 동기나 후배들과 20년이 지난 현재까지도 계모임을 유지하며 돈독한 관계를 유지하고 있답니다. 교외 활동은 개인적으로 떠난 호주의 워킹홀리데이 경험이 가장 인상적이었어요. 처음엔 영어가 서툴러서 많은 어려움이 있었지만, 점차 적응하여 외국 생활을 즐기는 저 자신을 발견할 수 있었죠. 말로 표현하기에는 부족할 정도로 호주의 대자연은 가는 곳마다 감탄사가 절로 나왔고, 무엇보다 혼자서도 모든 걸 이겨낼 수 있는 자신감을 얻게 된 소중한 시간이었어요.

한국철도공사에서 한국전력공사로 옮기다

▶ 중학교 소풍 때 친구들과 함께

▶ 대학 시절

▶ 테니스 동아리 활동사진

Question 진로를 결정할 때 도움을 준 활동이나 사람이 있었나요?

테니스 동아리 선배들은 대부분 공대 출신이 많았어요. 테니스광이었던 선배들이 취업 시즌이 되니 다들 운동을 그만두고 공사·공단에 취업하려고 준비하더라고요. 며칠 전만 해도 옆에서 같이 운동하며 밤새 술을 마셨던 선배들이었거든요. 막상 졸업할 시기가 다가오자 본인들이 원하는 회사에 취직하려고 열심히 노력하는 모습을 보고 저도 크게 영향을 받았죠. 과 동기들은 대부분 공무원을 준비하였지만, 저는 지방대 출신이라는 핸드캡에도 불구하고 공사·공단으로 취업 준비를 했어요. 친한 동아리 선배들이 각자 원하는 회사에 입사하는 것을 보고 저도 공사·공단에 취업할 수 있다는 희망을 품었던 거 같아요.

Question 졸업 후 첫 직장이 한국전력공사가 아니었나요?

저의 첫 직장은 한국철도공사였어요. 공사·공단으로 취업 준비하고 있었기에 채용공고가 나오면 무조건 지원했었는데, 그러다가 한국철도공사에 입사하게 되었죠. 하지만 첫 직장은 제가 생각했던 직장이 아니었어요. 그래서 다시 한번 공사·공단으로 취업 준비를 하였는데, 낮에는 직장 생활을 하고 저녁부터 밤늦게까지 취업 준비를 했죠. 운 좋게도 현재 직장에 합격하게 되어 현재까지 15년 동안 만족하며 지내고 있답니다.

한국전력공사에 입사해서 맡으신 첫 업무는 무엇이었나요?

첫 업무는 전력구 공사(지중에 구조물을 설치하는 공사)를 총괄 관리하는 감독 업무였어요. 나이가 많고 경험이 풍부한 현장 소장님을 상대로 감독 업무를 수행해야 했는데, 처음에는 생소한 용어부터 시작해서 모든 것이 낯설었기에 업무를 숙지하는데 애를 많이 먹었었죠. 하지만 주변의 회사 동료와 선후배님들의 도움으로 첫 감독 역할을 원만하게 수행하면서 주어진 프로젝트를 잘 마무리할 수 있었답니다.

Question **현재 한국전력공사에서 구체적으로 어떤 업무를 수행하시나요?**

한국전력공사는 발전소에서 생산된 전기를 고객에게 고품질의 전력을 공급하는 송·배전 사업을 주 업무로 하고 있습니다. 한국전력공사의 토목직군들은 전력을 공급하기 위한 전력구, 변전소, 송전 철탑 등의 구조물을 계획, 설계, 계약, 구매, 시공, 운영 업무를 수행한답니다. 현재 저는 정부의 신재생 사업의 그린뉴딜 2030 계획에 발맞추어 해상 풍력 건설사업의 계획과 건설업무를 하고 있어요.

Question **한국전력공사에서 오랫동안 근무하실 수 있었던 특별한 여건이 있나요?**

한전은 변전소에서 생산되는 전기를 가정으로 보내는 송전 및 배전 케이블을 설치하기 위한 터널 공사와 전력구 공사를 건설합니다. 이는 기본적으로 토목공학적인 지식을 요구하죠. 일단 제 전공을 살릴 수 있고, 기계식 터널공사에서는 우수한 기술력을 가지고 있는 회사이기에 이직률도 낮아요. 그리고 대부분 근무지가 대도시이기에 토목공학자로서는 가장 메리트 있는 직장이 아닌가 싶어요.

한국전력공사의 근무환경과 비전에 관하여 알고 싶어요.

한국전력공사에서 토목직군은 대부분 특별시, 광역시 또는 대도시에서만 근무할 정도로 근무환경이 최고라고 자부할 수 있죠. 다른 회사의 토목직군은 직군 특성상 대부분 현장 근무를 해야 하지만, 한국전력공사의 토목직군은 근무지가 대부분 대도시라는 점이 가장 큰 장점이에요. 한국전력공사는 공기업 중에서 가장 큰 규모이고, 급여는 타 공기업과 비슷한 수준이라고 보시면 됩니다. 한국전력공사는 전력 수급의 안정을 도모하고, 국민 경제 발전에 이바지하는 데 목표를 두고 있어요. 따라서 제4차 산업혁명 시대에 발맞춰 기존의 송배전 사업뿐만 아니라 전기차 충전사업, 태양광 발전사업, 스마트 시티 사업, 그린 수소 사업 등의 에너지 신사업에도 개척자의 역할을 할 겁니다.

Question 일하시면서 까다롭고 힘든 일도 있을 텐데요?

건설 현장의 토목감독을 수행하다 보면 예상치 못한 민원과 안전사고가 발생해요. 그리고 기상이변에 따른 공사 기간 연장, 설계변경 등 한 프로젝트를 수행하면서 여러 돌발 변수가 생기죠. 이런 예상치 못한 변수들이 발생하게 되면, 정확하고 신속하게 상황 판단을 해서 의사결정을 내려야 합니다. 경험이 많으면 수월하겠지만, 처음에는 혼자서 판단하기 힘든 결정이 많답니다. 그래서 주변 동료들과 쌓아온 경험 등을 바탕으로 의사결정을 해야 하는 순간이 많다고 할 수 있죠. 또한 장거리 현장을 다녀오다 보면 체력적으로 이미 지쳐 있는데, 사무실에 복귀하여 서류도 검토해야 하거든요. 대부분 토목인들이 가장 힘든 시기가 준공을 앞두고 설계변경을 진행할 때가 아닌가 싶어요.

나의 목표는
기술사 6관왕

▶ 서남해 해상풍력 발전단지에서

▶ T.B.M 장비 검수

Upacara Penyerahan Donasi Oleh Global CSR KEPCO

▶ 인도네시아 봉사활동

공기업에서 일하시면서 가장 중요하게 생각하는 직업 철학은 무엇인가요?

공기업에 근무하다 보니 가장 중요한 직업 철학은 '고객과의 신뢰'라고 봅니다. 공기업 특성상 공익성을 바탕으로 수익성을 확보하려고 노력하는데, 이때 고객들 즉 국민과의 소통을 통해 기업의 신뢰를 확보하는 게 무엇보다 중요하다고 생각해요.

토목공학기술자에 대한 오해와 진실이 있다면 무엇인가요?

토목을 전공한다고 하면 소위 단순 무식하고 3D 직업이라고 보는 시선도 있는데, 실제로는 전혀 그렇지 않아요. 아마 외업(外業)이 많은 현장 업무가 주를 이루다 보니 이런 편견이 생긴 것 같네요. 실제로 토목 분야에 종사하게 되면 누구보다 스마트하고, 기술적으로 역량을 발휘하는 경우가 많죠. 옛말처럼 단순 무식하게 일하면 이 직종에서 오래 근무하지 못하는 게 현실이랍니다.

스트레스를 어떻게 푸시나요?

직장에서 받은 스트레스는 되도록 가정에서는 생각하지 않으려고 노력합니다. 정신을 딴 곳에 집중하기 위해 독서를 하거나, 운동하면서 쌓인 스트레스를 빨리 해소하려고 해요. 무엇보다 잠을 푹 자는 게 스트레스를 푸는 방법의 하나라고 할 수 있겠네요.

Question 지금까지 일하시면서 가장 뿌듯했던 경험은 무엇인가요?

전력구 공사의 품질 향상과 원가절감을 위하여 품질분임조의 조장 역할을 한 적이 있어요. 회사 사정상 품질분임조 구성원이 현장 경험이 없는 신입사원이 대다수였죠. 그런데도 팀원들은 본인들이 맡은 업무에 최선을 다하면서 지역 예선에 통과하기 힘들다는 주변의 편견을 깨고, 지역 예선 1등으로 통과하는 기염을 토했답니다. 지역 예선을 통과하면 전국품질분임조대회에 출전할 기회를 획득하게 되는데, 전국품질분임조대회에서는 예상했던 만큼 좋은 성적을 거두지는 못했어요. 하지만 저뿐만 아니라 분임조원들 모두에게, 노력하면 이루지 못 할 일이 없다는 진리를 실감한 값진 경험이었다고 생각합니다.

Question 토목공학기술자로서 앞으로의 비전에 대해서 말씀해주세요.

한국전력공사는 정년이 보장되는 공기업이긴 하지만, 저는 현재 직장의 안정성에 안주하지 않고 토목 분야의 전문가가 되기 위한 도전을 멈추지 않으려고 해요. 저의 30대는 전문지식을 넓히기 위한 자기 계발에 집중하였다면, 40~50대는 제가 배운 전문지식을 후배들에게 전수하여 우수한 후배들을 양성하는 게 목표랍니다. 그리고 지자체와 타 기업의 심의위원 활동을 지속해서 지역 경제 발전에 이바지하고 싶기도 하고요.

Question 기술사 4관왕도 대단한데 6관왕에 도전하신다고요?

현재 취득한 기술사 자격증(토목시공, 토목품질시험, 건설안전, 지질 및 지반)외에 토질 및 기초, 토목구조 기술사에도 도전해서 최종적으로 기술사 6관왕이 되는 게 목표예요. 그리고 더 나아가서 박사 과정에도 도전하여 최종적으로 박사 학위를 취득하려고 합니다. 이런 목표를 이루기 위해서 새벽 4시 기상을 꾸준히 실천하고 있죠.

가까운 지인에게 토목공학기술자라는 직업을 추천하실 건가요?

토목직은 소위 3D 직업이라고 말을 하는데, 사실 쉬운 직업은 아니에요. 건설 현장에서 예상치 못한 일이 발생하기도 하고, 아침 일찍 출근하고 야근을 해야 하는 경우도 많습니다. 그러나 하나의 프로젝트를 수행하면서 배우게 되는 노하우는 무엇과도 바꿀 수 없는 값진 자산이죠. 프로젝트를 끝까지 완수하고 나면 본인의 이름이 새겨진 준공 명판을 만들 수 있어요. 준공 명판을 보게 되면 그동안 땀 흘려 고생한 것이 한 번에 사라지는 쾌감과 자부심을 느껴요. 토목공학은 배울 수 있는 분야가 워낙 방대하기에 그만큼 매력이 있다고 할 수 있죠.

Question

진로로 고민하는 청소년들에게 해주고 싶은 말씀 부탁드립니다.

토목 분야에 관심이 있다면 주저하지 말고 다양한 분야에 진출할 수 있는 토목공학을 선택하라고 권하고 싶네요. 토목 업무가 쉽지 않은 일임에는 부인할 수 없지만, 힘든 일인 만큼 배울 것도 많고 자긍심도 충분히 가질 수 있는 매력적인 업종이랍니다. 실제로 세상의 모든 일이 쉬운 건 없다고 봐요. 개인의 노력 여하에 따라, 공무원, 공기업, 설계사, 시공사, 감리사 등 취업할 기회가 많다는 게 토목 분야의 매력이죠. 개인의 역량을 맘껏 펼치고 싶다면 토목공학을 전공하세요.

▶ 지역 예선 1위 통과 후 기념사진

일곱 식구의 생계를 책임지셨던 부모님은 항상 바쁘셨고 초등학교 때 여러 차례 전학을 다니면서 마음을 나눌 친구가 없었다. 초등 시절부터 아버지의 손재주를 닮아 창의적인 활동과 미술 과목을 무척 좋아했으며 수학과 물리에 관심이 있었다. 넉넉지 못한 가정환경이었기에 취업이 잘 되는 토목공학과를 졸업 후 곧바로 취업했고 비교적 이른 나이에 결혼생활을 시작하였다. 직장 생활을 하면서 배움의 부족을 깨닫고, 직장에서의 생존을 위해 대학 편입과 함께 대학원에도 진학했다. 대학 시절 한 교수님과의 인연으로 시설물 안전진단 회사에서 실무를 시작했고, 이후로 여러 경력을 쌓아서 현재는 부산시설공단의 부장으로 있으면서 대교, 터널, 도로 등을 관리하고 있다. 토목분야 유지관리전문가가 되기 위해 자기계발을 꾸준히 실천해왔으며, 청소년들이 진로를 선택함에 도움이 되었으면 하는 바람에서 2017년부터 교육청에서 주관하는 중학교 3학년 수학 영재반을 대상으로 토목시설물(교량)을 소개하는 특강을 매년 진행하고 있다.

부산시설공단
김영국 부장

현) 부산시설공단 부장
- 한국기술사회 부산지회 부회장
- 국토안전관리원 인재교육원 외부 강사
- 한국산업인력공단 국가기술자격 시험위원
- 국토교통부 /해양수산부 /한국도로공사 기술자문위원
  토목시공기술사 /건설안전기술사 /국제기술사
- 국제공인 가치공학전문가(CVS)
- 충북대학교 토목공학 석사
수상
- 국토교통부장관 토목기술발전 공로 표창
- 2019년 부산광역시 토목대상 수상 외 다수

토목공학기술자의 스케줄

김영국 부장의 하루

* 올해(2022년도)는 부산대학교에서 공기업관리자 대상 리더십 교육과정을 받고 있음

24:00 ~
▶ 취침

07:00 ~ 09:00
▶ 기상 및 출근
(지하철을 이용, 출퇴근하는 자투리 시간을 자기 계발 학습 시간으로 활용)

[관계 기관과 업무협의]
13:30 ~ 18:00
▶ 市, 도로교통공단, 경찰청 등과 시설물 보수보강/ 시설개선 관련 업무협의/ 기상청 및 정부 지원 연구개발사업 관련 업무추진 등

08:00 ~ 09:00
▶ 1시간 일찍 출근하여 신문 구독과 커피 한잔으로 하루 일정을 스케치

12:00 ~ 13:00
▶ 점심시간

[외업] 09:00 ~ 10:00
▶ 담당하고 있는 해안순환도로 7개 토목시설물의 순찰 및 안전 점검 수행

[내업] 10:00 ~ 12:00
▶ 유지보수공사, 용역 감독 수행에 따른 기안 검토 및 승인 등 내근업무

이른 나이에 직장과
결혼생활과
학업을 병행하다

▶ 동생들과 함께 초등학교에서

▶ 교회 수련회에서

▶ 수학여행에서 친구와 함께

Question 어린 시절 어떤 환경에서 어떻게 보내셨나요?

대전에서 4남매 중 차남으로 태어났고 아버지의 이직으로 7살에 서울로 이사하게 됐어요. 할머니를 포함해 일곱 식구의 생계를 책임지셨던 부모님은 장사를 시작하셨어요. 새벽부터 일을 시작해서 밤이 늦어서야 집에 돌아오셨죠. 그 덕에 우리 형제들은 어려서부터 각자의 일은 스스로 해결해야 했어요. 여러 번 이사하면서 초등학교 때 세 번이나 전학을 다녔기에 마음을 나눌 친구를 사귀는 건 어려운 일이었죠. 그래서인지 어린 시절엔 소극적이고 내성적인 성격이었던 거 같아요. 나중에 직장 생활을 하면서 성향이 많이 바뀌긴 했지만, 사람을 만나고 친해지기까지 시간이 오래 걸리긴 하죠.

Question 어린 시절 특별히 흥미를 느낀 분야가 있었나요?

초등학교 시절 혼자서 그림을 그리거나, 찰흙으로 조형을 만들거나, 나무 조각 등을 깎고 다듬는 창의적인 활동을 무척 좋아했어요. 만드는 데 필요한 폐나무를 얻기 위해서 목공소를 찾아다녔고, 칼로 손을 베이는 일도 잦았죠. 하지만 아프기보다는 계급장 하나 늘어난 것처럼 재미있게 즐겼어요. 아마도 아버지를 닮아서 손재주가 좋았던 것 같네요. 늘 미술 시간이 기다려졌고, 미술상도 여러 번 받았어요.

Question **학창 시절 어떻게** 학교생활을 하셨는지 궁금합니다.

중고등학교 시절 학업성적은 그리 좋지 않았지만, 수학과 물리를 좋아했어요. 어릴 적부터 다녔던 교회의 친구들 외에는 학교 친구는 별로 없었고요. 초중학교 친구들은 아마도 저를 조용한 성격의 아이로 기억하고 있거나, 기억에서 사라졌을지도 모르겠네요. 그만큼 있는 듯 없는 듯 학교생활을 보냈죠. 고등학교에 올라와서 수학여행을 다녀온 계기로 가까운 친구들이 생겼어요. 그때 사귄 친구들은 쉰 살이 넘은 지금까지도 연락하며 지낸답니다. 그 친구들은 IT 기업, 전기공사업, 자영업, 공기업 등 서로 다른 분야에서 다양한 삶을 살고 있죠.

Question **중고등학교 시절 진학이나 직업에** 도움이 될 만한 활동을 하셨나요?

대학 진학 전까지 어떤 직업을 가져야겠다는 뚜렷한 목표가 없었거든요. 그래서 학창 시절에 딱히 진로에 도움이 되는 활동이 있었는지는 잘 모르겠네요.

Question **본인의 희망 직업과 부모님의 기대 직업 사이에** 마찰은 없었나요?

제가 희망하는 직업이 있었다거나 부모님이 기대하는 직업이 있었다기보다는 현실적인 이유로 토목공학기술자로의 길로 접어들게 되었어요. 지금 생각해보면 위험한 모험이에요. 단지 경제적인 이유나 성적 등의 이유로 직업을 선택해서 낙오되거나 인생의 시간을 허비하는 사례를 주변에서 자주 봤거든요. 미리 직업과 진로에 대한 계획을 세워서 최대한 시행착오나 실패를 줄였으면 좋겠네요

Question **대학과 학과를 선택할 때 어려움은 없었나요?**

　자기가 좋아하거나 잘하는 특기를 일찍 찾아 그 적성에 맞추어 학과를 선택하는 게 가장 바람직하고 이상적이겠죠. 실제로 고3 진학 담당 선생님과 얘기를 나눠보면 자기 적성을 찾아 학과를 선택하는 학생은 100명 중에 2~3명 정도라고 하네요. 대부분 학생이 자기의 적성을 찾지 못하고 성적에 맞추어 학과를 선택하죠. 적성을 찾았다 하더라도 학업성적이 따라주지 못해서 포기하는 사례도 많아요. 사실 제가 토목공학과를 선택하게 된 것도 현실적인 이유에서였죠. 경제적으로 넉넉한 가정환경이 아니었기에 취업을 빨리하기 위해서 재능이나 적성보다는 전문대학을 선택했어요. 그 당시엔 건설경기가 좋았던 터라 아버지의 권유로 토목공학과로 진학하였어요. 졸업 후에 직장 생활을 하면서 배움의 부족을 깨닫게 되었고, 직장에서의 생존을 위해 대학편입과 대학원에 다니게 됐죠. 돌이켜보면 세 번의 진학을 토목공학기술자가 되기 위해 선택한 셈이네요.

Question **대학에 입학해서 토목공학 수업에 잘 적응하셨나요?**

　고등학교 시절엔 토목공학이 구체적으로 어떤 일인지 몰랐고, 토목공학기술자가 되려면 어떻게 준비해야 하는지 가르쳐 주는 사람도 없었어요. 지금처럼 인터넷으로 원활하게 정보를 찾을 수 있는 시대도 아니었고요. 취업이 잘될 거라는 막연한 생각으로 토목공학과로의 진학을 선택한 건 지금 생각해보면 모험이었죠. 입학한 후에 적성에 맞지 않아 스스로 다른 과로 전과하거나 요리사의 길로 바꾼 동기들도 여럿 있었거든요. 다행인 것은 토목공학이 저의 적성과 맞았어요. 토목공학은 도로, 교량, 터널, 댐과 같은 사회기반시설을 디자인하고 건설하는 지구상에서 사람이 만들 수 있는 가장 큰 예술품이라고 봐요. 창의적 활동을 통해 무언가 만들어낸다는 관점에서 꽤 흥미가 있는 일이죠. 그래서인지 고등학교 때까지 중간에 머물던 성적이 대학교에 진학하면서 크게 향상했어요.

Question 대학교 학업에 아내가 큰 도움이 되었다고요?

그래요. 아내의 도움 없었다면 대학교 학업은 불가능했을 거예요. 전문대학 졸업 후에 곧바로 취업했고, 스물일곱에 결혼생활을 일찍 시작하면서 직장생활과 가정생활, 학업을 동시에 병행했죠. 대학 시절은 진로를 위한 준비 활동이 아닌 실전이었거든요. 그때 아내가 가정과 육아를 전담해주었고, 빠듯한 월급에도 말없이 든든한 지원자가 되어주었어요.

Question 대학 시절 낭만적이고 특별한 추억이 있으신지요?

직장생활을 하면서 대학 공부를 함께해야 했기에 추억을 남기지 못한 게 큰 아쉬움으로 남아 있어요. 현재 대학생인 제 아들과 이 글을 읽는 청소년들은 대학 시절의 시간을 특별한 추억들로 꾸며가길 바라요.

▶ 시설물 안전진단

▶ 케이블 안전점검

▶ 수중점검(스쿠버 자격보유)

교수님과의
인연으로 맺어진
시설물 안전진단

Question 진학이나 진로를 결정할 때 멘토나 도움을 준 분이 있었나요?

일단 토목공학으로 진학하게 된 건 아버지의 추천과 더불어 시대적 영향도 있었고 저에게 행운이 따라준 것도 있었지요. 그리고 지금의 직업(시설물 유지관리 공기업)을 택할 수 있도록 도움을 주신 인생 멘토는 대학 시절 토목 시공학을 가르치셨던 이래철 교수님입니다. 교수님은 시설물 안전진단 회사의 대표이기도 해요. 당시만 하더라도 안전진단 회사는 국내에 10개 내외 정도로 많지 않았고, 토목공학 분야에서도 그리 비중이 높지 않았거든요.

Question 진로를 선택할 때 시대적 영향이 있었다고 하셨는데 어떤 걸 말씀하시는 건가요?

1994년 성수대교 붕괴, 1995년 삼풍백화점이 무너지면서 사회적으로 시설물에 대한 안전관리의 중요성이 부각되었죠. 그래서 1995년에 시설물 안전관리에 관한 특별법이 제정되었고요. 시설물에 대한 안전 점검과 안전진단 시행이 법제화되면서 유지관리 분야의 직업적 전망이 밝아진 거죠.

Question 인생 멘토이신 이래철 교수님과의 인연을 더 듣고 싶은데요.

교수님을 통해 토목직업 분야 중에서 시설물 안전진단이라는 유지관리 분야를 처음 접하게 되었죠. '안전진단 분야의 토목공학자는 구조물 의사다. 구조물의 건전성과 안전상태를 진단하고 보수보강방안을 처방하라' 이러한 가르침이 저를 이 분야의 전문가로 이끌어주었죠. 그리고 졸업반 2학기 때 교수님 회사로 입사해서 안전진단 실무를 처음으로 시작했어요. 이후로 여러 경력을 쌓아서 현재 시설물 유지관리 공기업인 부산시설공단으로 이직하게 되었고요.

토목공학기술자를 의사와 비교하셨는데, 좀 더 자세한 설명을 들을 수 있을까요?

의사 직업에도 내과, 외과, 성형외과, 정형외과, 치과, 산부인과, 소아과 등 다양한 전문분야로 나뉘잖아요. 토목공학 분야도 토목구조 분야, 토질 분야, 수리 분야, 측량 분야 등으로 나뉩니다. 토목구조 분야에서는 구조공학, 재료공학, 응용역학, 철근콘크리트공학 등을 알아야 하고, 토질 분야에서는 토질공학, 기초공학 등을 익히죠. 그리고 수리 분야에서는 상하수도공학, 수리·수문학을 배우고, 측량 분야에서는 측량학 등에 전문성을 갖춰야 합니다. 기업형태로 분류하자면 산업체, 학계, 연구기관, 공공기관 등으로 나눌 수 있어요. 업무영역으로는 설계용역사, 건설회사, 감리용역사, 유지관리기업(안전진단용역, 보수·보강 시공사) 등으로 분류할 수 있겠네요.

시설물 유지관리 공기업인 부산시설공단으로 옮기신 계기를 알고 싶어요

안전진단 분야 일을 시작한 지 2년 후인 1997년 IMF를 겪게 되었어요. 회사의 구조조정으로 함께 일하던 직장동료들을 떠나보내면서 살아남았다는 안도보다는 또다시 올지 모르는 구조조정의 불안감에 사로잡혔지요. 그 당시 두 살배기 아이를 둔 가장이었기에 안정적인 공기업으로의 이직을 결심하게 된 계기가 되었어요.

Question 토목공학기술자가 되려면 자격증과 더불어 어떠한 활동을 하면 되나요?

토목공학자의 길을 걷기 위해서는 국가기술자격증 취득은 선택이 아닌 필수랍니다. 예를 들면 토목기사, 건설재료시험기사, 측량및지형공간정보기사, 콘크리트기사, 건설안전기사 등이 있어요. 취업 후엔 직장에서 PC 활용이 기본적으로 필요하니까 컴퓨터 활용능력, 워드프로세서, PPT 등을 익혀야 해요. 그리고 전공과 관련된 기업과의 대학교 IPP 사업(일학습 병행제도)에 참여하는 것도 권장해요. 만약 공공기관으로의 진로를 준비한다면 기간제 인턴으로 참여하고, 연구기관으로의 진로를 원한다면 토목학회 학술대회 등 학생활동에 참여하면 좋아요.

Question 토목공학기술자로서 가장 중요하게 생각하는 직업 철학은 무엇인가요?

공학자의 자세는 기본적으로 자기 분야에서 전문성을 키워 스스로 역량을 쌓아야 해요. 급변하는 현시대에 맞추어 새로운 기술들을 습득하고 융합할 수 있는 미래지향적인 사람이 되어야 하죠. 만약 공적 기관에서 일한다면 공직자로서 사회적 가치실현을 위한 노력과 책임 있는 행동이 필요하다고 봅니다.

Question 현재 부산시설공단에서 하시는 일을 자세히 알 수 있을까요?

부산시설공단은 도로시설, 상가시설, 공원시설, 장례시설, 체육시설 등 공공의 사회기반시설물을 유지·관리하는 부산광역시 산하 지방 공기업입니다. 회사에서 토목공학기술자가 맡는 주요 업무는 도로시설인 교량, 터널의 시설물에 대한 안전을 점검해요. 보수·보강공사의 설계나 시공 감독 업무도 수행하죠. 현재 관리 중인 토목시설물은 광안대교, 남항대교, 영도대교, 곰내터널, 도시고속도로, 외곽순환도로 등이 있어요.

Question 부산시설공단에서 첫 업무는 무엇이었나요?

2005년 부산시설공단에 경력직으로 채용되어 민간기업에서의 안전진단 업무 경험을 살려서 광안대교의 안전 점검 업무와 교량 안전성을 상시 모니터링하고 분석하는 계측시스템 담당업무를 맡게 되었죠. 상시 계측시스템은 대부분 케이블 교량 같은 특수교량에 구축되어있어서 국내의 교량계측 관리자는 토목공학 내에서도 많지 않은 분야예요.

Question 안전진단 전문기관에서의 일했던 경험이 도움이 되었나요?

부산시설공단에 입사하기 전에 안전진단 전문기관에서 일했던 경험을 바탕으로 공단이 보유하고 있는 진단 장비와 토목·건축공학기술자를 활용하여 교량 및 터널 분야와 건축 분야 안전진단 전문기관으로 정식 등록시켰죠. 민간기업의 업역 침해에 따른 민원 우려도 있었지만, 수익사업은 배제하고 안전관리 전문기관으로 인정을 받은 사례예요. 공단 시설물을 신뢰성 있게 자체 점검하고자 하는 취지가 컸고, 취약계층을 위한 시설점검 등의 재능기부에 활용하고 있어서 사회적 가치도 실현한 셈이죠.

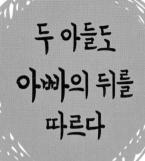

두 아들도
아빠의 뒤를
따르다

▶ 재난훈련 진행

▶ 해상 점검(보트 면허 자격 보유)

▶ 보수공사 감독 및 공장 자재검수

Question 시설공단에서 일하시면서 새롭게 느끼는 부분이 있나요?

공공기관 업무 특성상 경찰청, 기상청, 연구기관, 타 관리기관 등 다양한 관련 기관과의 협업이 많아요. 그로 인한 시너지 효과가 매우 큼을 몸소 느끼고 있죠. 그동안 일해오면서 인적 네트워크도 형성되어 많은 도움이 되고 있긴 해요.

Question 토목공학에 대해서 잘못된 통념은 뭐라고 생각하시나요?

토목공학은 영어로 'Civil Engineering'이에요. 시민을 위한 공학이라는 뜻이죠. 하지만 영어의 의미와는 달리 우리말로는 흙(土)과 나무(木)로 명명했는데 개념이 전혀 달라요. 게다가 '토목'이라는 명칭은 일본어의 한자어 표기에서 유래했어요. 최첨단의 기술력을 갖춘, SOC의 중심에 서 있는 고도의 학문이지만, 왠지 이름 때문에 아직도 '노가다'란 인식을 벗어나지 못하는 거 같아요. 토목공학은 상하수도, 철도, 도로를 만들고 교량, 터널 등 인프라를 구축하는 등 우리의 삶과 밀접한 공학이에요. 특히, 최근에는 온갖 신기술과 융합하여 첨단 공학으로 진화하고 있습니다. 토목공학은 구조역학, 정역학, 동역학 등 다양한 기초학문을 기본으로 하기에 공학 차원에서도 매우 높은 수준의 학문이죠.

Question 스트레스를 어떻게 푸시나요?

술이나 운동 등으로 스트레스 푸는 사람들도 있겠지만, 저는 되도록 스트레스를 받지 않으려 노력하는 편이에요. 나와 직접적인 관련이 없는 사소한 것들은 대수롭지 않게 넘기거나 스스로 삭히는 편이죠.

공단에서 하셨던 프로젝트 중에서 큰 보람을 느끼셨던

기억도 있을 텐데요?

2018년 해상교량을 유지관리하는 국내외 7개국 32개 관리기관들이 참여하는 '케이블교량 국제 콘퍼런스'를 추진했어요. 예산확보부터 개최까지 9개월 동안 준비했죠. 회사의 국제적 위상을 높일 기회였기에 온 힘을 다해 일했던 기억이 나네요. 다음 해인 2019년엔 전년 콘퍼런스에 참여했던 세계 최장의 교량인 강주아오교(중국) 관리기관과 칭마대교(홍콩) 관리기관을 방문해서 기술교류(MOU)하는 성과를 거두었답니다.

주변에 토목공학기술자 직업을 권하고 도움을 주시기도

하나요?

아들이 둘 있는데 모두 토목공학기술자가 되기 위해 대학교에서 공부하고 있어요. 건설경기가 좋다는 시대적 이유로 무턱대고 선택했던 저와는 달리, 애들이 어려서부터 제가 하던 일들을 보면서 자랐거든요. 자연스럽게 토목공학기술자가 어떤 일인지 알고 있고, 저도 아빠가 아닌 토목 선배로서 잘 지도해 주기도 하죠. 몸담은 회사 차원에서도 학생들의 직업 진로에 도움을 주고 있어요. 교육부로부터 교육기부 진로체험 인증기관으로 선정되는 바람에 찾아가는 진로교육, 시설물 현장체험 등 청소년 프로그램을 운영하고 있어요. 부산시와 부산교육청이 주관하는 교육기부 유공 교육메세나탑을 9년간 연속 수상하고 있기도 하고요. 개인적으로는 청소년들이 진로를 선택하는 데 도움이 되었으면 하는 바람으로 2017년부터 북부교육청에서 주관하는 중학교 3학년 수학 영재반을 대상으로 토목시설물을 소개하고 있답니다.

청소년들에게 인생의 선배로서 해주고 싶은 말씀이 있을 거 같은데요?

　어떤 직업이든 진로의 첫 단추를 찾아 채우는 과정은 쉽지 않을 겁니다. 知者不如好者(지자불여호자)라는 말이 있어요. 어떤 일을 행함에 있어 지식이 많은 사람도 자신이 좋아하는 일을 하는 사람에게는 이길 수가 없다는 뜻이죠. 평생 본인의 경제적 삶을 책임져주는 직업을 선택하는 것이기에 다소 시간이 걸리더라도 자기 적성에 맞고 좋아하는 일을 찾길 바랍니다. 그리고 첫 단추가 채워졌다 하더라도 그 분야에서 성공에 이르기까지는 노력 없이 주어지진 않더라고요. 好者不如樂者(호자불여락자). 좋아하는 일을 하는 사람일지라도 그 일을 즐기는 사람을 이길 수가 없다는 의미예요. 무언가 결정하여 시작한 일이라면 정말 후회 없도록 즐기며 도전하세요. 간절히 바라고 행하면 이루지 못할 것이 없을 거에요.

▶ 국토교통부 익산청장님과 간담회

▶ 케이블교량 국내 세미나 발표

▶ 중국 강주아오교 방문 기술교류

어린 시절 아버지께서 일찍 돌아가시면서 홀어머니는 작은 식당을 운영하여 어렵사리 가족의 생계를 책임지셨다. 중학교 시절에는 검도선수가 되고 싶었고, 제복을 입은 경찰과 군인을 꿈꾸기도 하였다. 고등학교 3학년 때 담임선생님의 권유로 토목공학과에 진학하였고, 1학년을 마치고 입대하였다. 복학하면서부터 학업에 매진하였고, 건설 분야의 취업이 어려운 시기였음에도 졸업 전에 취업하게 되었다. 첫 직장으로 토목엔지니어링 회사에 취직하면서 지금까지 15년째 토목엔지니어링에 종사하고 있다. 현재 도화엔지니어링에서 단지설계 분야를 맡고 있으면서 대규모의 단지 조성을 위해 필요한 기반시설을 설계하고 있다. 또한 토목시공기술사, 직업능력개발훈련교사 등의 자격을 취득하였고 다양한 분야의 기술심의위원으로 활동하고 있다.

㈜도화엔지니어링
강두헌 부장

현) ㈜도화엔지니어링 도시단지부 부장
현) 직업능력개발훈련교사 2급
현) 기술심의 및 평가위원
    (LH, 아산시, 국토연구원, 서울연구원)
• ㈜경동엔지니어링
• 동아대학교 토목공학과 학사
• 토목기사/ 토목시공기술사/ 토목분야 특급기술자/
  도로및공항분야 특급기술자

토목공학기술자의 스케줄

강두헌
부장의
하루

05:00 ~ 07:00
▶ 개인 시간
(운동, 독서, 티타임,
공부는 아침 시간을
활용)

07:00 ~ 09:00
▶ 출근

09:00 ~ 10:00
▶ 업무 회의

10:00 ~ 12:00
▶ 집중근무
(토목설계: 구조계산,
검토서 및 보고서
작성, 도면검토 등)

12:00 ~ 13:00
▶ 점심시간(주로 회사 내
구내식당에서 식사 후
회사 근처 산책)

13:00 ~ 17:00
▶ 프로젝트별 현안 사항
검토, 설계 브레인스
토밍 등(주 2회 정도
는 대관업무: 발주처
및 설계사, 시공사와
의 업무협의 등)

17:00 ~ 18:00
▶ 일일 업무에 대한 피드백

18:00 ~ 20:00
▶ 퇴근

20:00 ~ 22:00
▶ 저녁 및 가족과의 시간

22:00 ~ 23:00
▶ 운동(요즘은 골프에
푹 빠져 있어요)

23:00 ~
▶ 취침

아버지께서
일찍 세상을
떠나시다

▶ 어린 시절

▶ 대학교 때 서점에서

▶ 대학교 졸업식에서

평범한 아이들과 다를 게 없는 어린 시절을 지내다가 10살이 되던 해 아버지가 돌아가셨어요. 그 이후로 집안일만 하셨던 어머니께선 생계를 위해 많은 일을 하셨고, 고생도 많이 하셨죠. 제가 12살이 되던 해에 어머니는 조그마한 식당을 열었고 제가 대학을 졸업할 때까지 10년 이상을 식당을 운영하시면서 가족의 생계를 책임지셨답니다. 제가 어릴 때는 학교에서 매년 편부, 편모 등의 조사를 하였는데, 그럴 때마다 편모가정은 거의 저뿐이었어요. 자칫 의기소침해질 수도 있고 일탈할 수도 있던 시기였지만, 타고난 성향이 무던했던 터라 크게 개의치 않고 지냈어요. 운동을 좋아하고 잘해서 친구들과도 금방 어울렸는데 밖에서 친구들과 놀 때는 시간 가는 줄 몰랐죠. 지금 생각해보면 어린 시절 아버지는 안 계셨지만, 주변에 정말 좋은 사람들이 많았던 것 같아요. 지금도 늘 감사하는 마음을 품고 있어요.

Question 어린 시절에 좋아했던 과목이나 관심을 둔 분야가 있었나요?

체육과 사회 과목을 좋아했어요. 활동적인 걸 좋아했고, 체육 시간은 누구보다 열정적이었죠. 그리고 이공계를 선택했지만, 사회 과목을 좋아했어요. 특별한 이유가 아니라 그냥 사회에 관한 이야기가 재밌었던 것 같아요.

홀어머니 밑에서 사춘기 시절의 학업이나 생활은 어땠나요?

중고교 시절 성적은 중상위권은 유지했어요. 특별히 사춘기라고 여길 때도 없었고, 어머니께 반항하거나 고집을 부린 경험도 없던 거 같아요. 아마도 아버지 없이 혼자 고생하시는 어머니를 보며 일찍 철이 든 것 같기도 하고요. 주변에 친구들은 늘 많았어요. 운동을 좋아하고, 친구들과 이야기하고 수다 떠는 걸 좋아했죠. 지금도 이야기하는 걸 좋아해요. 중학교 시절 모래시계라는 드라마가 유행했었는데, 그때 나온 이정재의 모습을 보고 멋있어서 동네 친구들과 검도장을 다니기도 했죠. 입대 전까지 검도를 할 정도로 좋아했어요. 중학교 시절에는 검도선수가 되고 싶어서 관련 고등학교로 진학하려고 했지만, 어머니께서 공부해서 평범하게 지내길 원하셔서, 결국 어머니의 뜻을 따랐죠. 지금 생각하면 잘한 것 같네요.

Question **중고등학교 시절 현재의 직업에** 도움이 될 만한 활동을 하셨나요?

현재의 직업을 학창 시절부터 꿈꿔왔던 건 아니라서 특별히 준비하고 도움이 될 만한 활동을 하지는 않았어요. 하지만 공부하든지, 청소하든지, 놀든지, 늘 최선을 다하려고 했던 것 같네요.

Question **직업군인의 길로 갈 수도** 있었다고요?

실제로 어릴 때는 군인이나 경찰 같은 직업을 하고 싶었어요. 일단 제복 입는 게 멋있어 보였고, 조직 생활의 정해진 규율을 따르는 게 성격에도 맞았고 멋있어 보였거든요. 실제로 군대 시절 장기복무를 하라고 장교의 권유를 받기도 했지만, 그때는 무조건 빨리 제대하고 싶어서 거절했어요.

Question 대학 전공으로 토목공학과를 결정하신 이유가 있나요?

고등학교 3학년 시절 담임선생님의 권유로 토목공학과를 선택했어요. 당시에 저는 토목이라는 산업이 무엇인지도 몰랐는데, 선생님께서 토목은 필수산업이고 굶을 일 없다고 말씀하셨죠. 실력만 쌓으면 평생 일할 수 있다고도 말씀하셨고요. 그래서 그냥 선생님만 믿고 선택했어요.

Question 대학 생활은 의미 있고 충실하게 보내셨나요?

제 의지로 선택한 학과가 아니어서 그랬는지 1학년 때는 친구들과 술 마시고 당구 치면서 시간을 보냈어요. 공부는 재미없었고, 친구들과 어울리고 이야기하는 시간이 정말 행복했죠. 특별한 동아리 활동은 안 했고, 마음 맞는 친구들과 1년에 2~3번 정도 보육원 같은 곳에서 봉사활동을 했어요. 이렇게 놀기만 하다가는 안 되겠다고 생각한 건 1학년이 끝나고 겨울 방학쯤이었죠. 군인이 되고 싶은 마음도 있어서 학교 ROTC에 지원하려고 했어요. 그런데 거기에 지원할 성적이 안 되더라고요. 그래서 1학년까지 마치고 이듬해 군대에 갔죠. 제대 후 2학년을 맞으면서부터는 이전과는 다른 삶이었어요. 군대 시절에 미래에 관해 생각을 많이 했고, 토목 분야의 최고가 되려는 다짐도 했거든요. 복학하면서부터 아침 일찍 학교 도서관에 자리를 맡아놓고 강의가 끝나면 도서관으로 갔어요. 친구들도 다들 도서관에서 살았죠. 놀아도 도서관 옥상에서 놀았어요. 그때 처음으로 장학금을 받았답니다. 이후 계속 열심히 공부했고, 건설 분야의 취업이 어려운 시기였음에도 졸업 전에 취업했어요.

대학 시절 특별한 동아리 활동이나 학회 활동이 있었나요?

학창 시절에 특별히 어딘가에 소속되어 활동하거나 하진 않았어요. 그냥 친구들과 이야기하고 함께 있는 시간만으로도 즐거웠죠. 고등학교 때부터 함께하던 친구들과 대학 생활도 함께하며 여기저기 놀러 다니고 밤새 술잔을 기울이며 미래에 관해 이야기했던 시간이 아직도 추억으로 남아있네요

Question 진로를 결정할 때 영향이나 도움을 준 사람이 있었나요?

먼저 토목공학과를 선택하게 해주신 분은 고등학교 담임선생님이셨죠. 그리고 현재의 업무를 하면서 개인적으로 존경하는 두 분이 있어요. 제 마음속으로 그분들을 멘토로 설정하여 그분들의 말이나 행동을 따라 하려고 노력했답니다. 한사람에게 영향을 받았다기보다는 여러 가지 상황 속에서 다양한 멘토들이 있었던 것 같아요.

Question 두 분의 멘토는 어떤 분들이신지 좀 더 알고 싶은데요?

한 분은 전 회사에서 팀장님이셨던 분이고, 다른 한 분은 회사 외적으로 알게 된 분이에요. 두 분 다 저에게 직접적인 멘토의 역할을 해주신 적은 없었어요. 단지 제가 그분들의 업무나 행동, 하는 일을 보면서 여러 가지를 느끼고 배웠죠. 특히 전 회사 팀장님의 경우엔 정말 뭐든지 잘하는 스타일이랄까? 업무처리 능력은 물론, 운동도 웬만한 건 다 잘하시고 술도 잘 드시고 운전도 잘하시고, 아무튼 뭐든 잘하셨어요. 저도 그분처럼 다재다능하고 싶다는 생각을 많이 했던 것 같아요. 또 한 분은 기술사 공부하면서 알게 됐는데, 그분의 전문가적인 모습이 향후 제가 꿈꾸는 부분과 비슷해서 저도 그분처럼 여러 가지 활동을 하려고 노력하고 있어요.

▶ 결혼 준비와 자격증 공부를 동시에 하는 사진

토목엔지니어링
회사에 정착하다

▶ 강릉 바다로 휴가

▶ 취미로 즐기는 골프

Question 첫 직장에 들어가신 이후부터 이제껏 어떤 과정을 거치셨나요?

　첫 직장으로 토목엔지니어링 회사에 취직하게 되었어요. 엔지니어링은 시공을 통해서 목적물이 나오도록 설명서를 만들어주는 일이라고 이해하면 될 것 같아요. 공부를 열심히 하기도 했지만, 취업할 땐 운도 따랐죠. 그 시절 토목엔지니어링 회사는 대학원생들만 가는 곳인 줄 알았어요. 무심코 지원했었는데 생애 처음 써본 이력서로 운이 좋게도 합격했어요. 그것도 졸업도 하기 전에 말이죠. 이때부터 지금까지 15년째 토목엔지니어링에 종사하고 있답니다.

Question 여러 분야 중에서 토목엔지니어링을 선택한 이유가 궁금합니다.

　토목산업은 굉장히 다양한 분야가 있어요. 가장 많은 분야는 제가 종사하는 엔지니어링 회사를 비롯하여 발주처(공무원, 공기업 등)나 시공회사(현대건설, 삼성물산 등)가 있죠. 또한 연구기관이나 부동산개발 분야를 비롯해 은행, 증권회사, 소프트웨어 회사 등 토목 분야가 없는 곳이 없죠. 제가 토목엔지니어링을 선택한 이유는 굉장히 단순했어요. 처음 이력서를 쓴 회사에 합격했고, 취업은 부산을 떠나서 서울 등의 수도권에서 근무하고 싶었죠. 당시 회사의 규모도 관련 업계에서는 매우 큰 회사였어요. 연봉도 부족하지 않을 정도여서 큰 고민 없이 바로 선택했답니다. 무엇보다 하루빨리 돈을 벌어야 했기 때문이에요. 어머니께서 혼자서 생계를 꾸려나가셨기에 힘에 많이 부치셨어요. 빨리 취업해서 어머니의 짐을 덜어 드리고 싶었거든요. 다른 친구들이 공무원이나 공기업 입사를 준비하며 1~2년 가까이 공부하는 시간이 저에겐 사치였어요. 그럴 여유도 없었고요. 사실 입사하고 나서 후회한 적도 많았죠. 공부를 더 해서 공기업을 준비해볼까 하는 생각도 많이 했어요. 하지만 현재는 오히려 그 시절을 버텨오며 지금의 분야를 떠나지 않은 것에 대해 큰 자부심을 느끼고 있답니다.

Question 토목과 관련된 일을 하려면 어떤 과정을 거쳐야 하나요?

가장 일반적인 방법은 대학의 토목공학과에 진학하는 거예요. 대학에서 학위 이수를 하고, 토목기사 등의 자격증을 취득하여 관련 분야에 취업하는 게 일반적인 방법이죠. 토목기사로 일하려면 반드시 관련 자격증을 취득해야 해요. 또한, 대학을 다니면서 여러 가지 공모전(대한토목학회, LH, 한국도로공사, 현대건설 등)에 팀이나 개인으로 참여해보는 것도 추천해요. 공부한 것을 실제로 구현해보는 게 큰 도움이 될 거예요. 그리고 요즘은 공기업 등에서 인턴제도를 많이 시행하고 있거든요. 졸업 전에 인턴으로 활동하며 관련 분야를 미리 접해보는 것도 큰 도움이 되리라 믿어요.

Question 입사 후에 토목공학기술자로서 다룬 첫 업무의 경험은 어땠나요?

첫 업무는 상수관로 설계 업무였어요. 대학에서 배웠던 지식으로는 한계가 많았죠. 설계 프로그램이나 각종 기준에 대한 이해도 부족했고요. 지금이야 다양한 경험이 축적되고 익숙해져서 큰 어려움이 없지만, 처음에는 너무 어려움이 많았답니다.

도화엔지니어링에서 어떤 업무를 맡고 계시나요?

단지설계 분야를 맡고 있어요. 단지설계는 신도시 등 대규모의 단지 조성을 위해 필요한 기반시설(도로, 교량, 터널, 하천, 상하수도시설 등)을 설계하는 일이랍니다. 단지 조성을 위한 토목설계는 기본이고, 관련 법령과 설계 기준을 비롯하여 도시공학적인 지식도 알고 있어야 하죠. 또한, 단지 조성을 위해서는 다양한 산업의 연계가 필요한 만큼 여러 분야와의 협업이 굉장히 중요하답니다. 설계의 총괄책임자로서, 발주처를 비롯하여 관련 분야의 사람들과 다양한 문제들에 관해서 토론해야 하기에 해야 할 일이 많죠. 공학적인 지식은 물론, 사람들과 소통하는 능력도 굉장히 중요해요.

업무가 어떻게 진행되고 가장 기억에 남는 프로젝트는 무엇인가요?

보통 1개 프로젝트의 설계 수행 기간이 짧으면 1년, 길면 5년 이상이 되기도 해요. 평균적으로 2년이나 3년 이내에 1개 프로젝트를 수행하게 되죠. 프로젝트를 끝낼 때면 앞서 일하며 힘들었던 기억들은 사라지고 보람으로만 가득합니다. 물론 일하는 중간중간 힘든 일은 항상 존재하지만, 지나고 보면 견디지 못할 일도 아니더라고요. 가장 기억에 남는 프로젝트는 새만금 조성 관련 프로젝트였어요. 660만 제곱미터에 달하는 거대한 바다를 메우는 대규모 프로젝트였죠. 대한민국의 지도를 바꾸는 중요한 프로젝트였던 만큼 기억에 많이 남죠.

토목공학기술자에 대한 잘못된 인식을 바로 잡아주시겠어요?

　토목 일하는 사람들은 단순하고 무식하다는 인식이 있는 거 같아요. 전혀 아니거든요. 기술 자격증 중 최고라고 할 수 있는 기술사를 대한민국에서 가장 많이 배출하고 있는 분야가 바로 토목이에요. 공학사뿐만 아니라 석사, 박사 학위를 가진 분들도 많으시고요. 전문적인 화이트칼라에 속하는 직업이라 생각해요. 제가 이제껏 경험한 토목공학기술자들은 정말 순수하고, 자기 기술에 대한 자부심도 크고, 우리나라를 발전시키는 데 크게 이바지한다는 생각이 들어요.

편안한 때에도
위태로움을
잊지 않는다

▶ 회사에서 회의 중

▶ 회사 야유회 때 팀원들과 함께

▶ 설계VE 보고회

토목공학기술자로서 직업 철학이나 신념에 관해 알고 싶어요.

안불망위(安不忘危). 편안한 때에도 위태로움을 잊지 않는다는 뜻이죠. 토목이라는 산업은 사람들의 편리한 생활을 위하여 눈에 띄지 않는 많은 일을 하고 있어요. 터널, 댐, 교량을 만드는 일에서부터 매일 사용하는 상수도와 하수도, 우리가 매일 다니는 차도와 보도, 산책하고 있는 하천과 공원에 이르기까지 사람들의 일상과 긴밀한 관계를 맺고 있죠. 그렇기에 토목공학기술자는 큰 책임감과 더불어 보람도 느끼며 살아요. 한순간의 방심이 큰 사고를 불러오는 산업인만큼 안전을 최우선으로 생각하며, 편안한 때에도 위태로움을 잊지 않으려고 하죠. 수십 번, 수백 번의 계산을 통하여 최적의 솔루션을 끌어내려고 노력합니다.

근무 여건이나 향후 직업적 비전에 관해서 설명해 주세요.

현재 직장은 서울에서도 가장 중심지로 꼽히는 강남 삼성동에 있어요. 토목과를 졸업하고 수도권에서 근무하기가 쉽지는 않은데, 나름 근무환경은 좋은 편이죠. 연봉은 다른 업종의 평균연봉보다는 높은 것 같아요. 기술사 자격이나 박사 등의 학위가 있다면 연봉은 더 높아지고요. 본인이 노력한 만큼 보상은 충분하다고 할 수 있습니다. 또한, 직업적 전망은 정말 밝다고 생각해요. 충분히 도전해볼 만한 흥미로운 직업이고, 많은 사업이 국가 예산을 바탕으로 운영되기에 지속적인 발전이 예상돼요.

Question 여가에 특별한 취미 활동을 하시는지요?

요즘은 아내와 함께 골프에 취미를 가지게 되었어요. 시작한 지는 3년 정도 되었는데 아직 실력은 초보 단계예요. 열심히 연습하고, 나중에는 아이도 함께 배워서 가족이 함께 라운딩하는 것이 목표랍니다.

Question 토목공학기술자로서 향후 비전에 관하여 듣고 싶습니다.

30대에 기술사를 취득하는 목표를 이루었고, 40대에는 토목의 다양한 분야에서 활동해보고 싶어요. 심의위원이나 외부 강의 등을 하며 저의 기술적 지식을 더욱 쌓아가고 싶은 바람이 있어요. 토목공학기술자로서 최종 목표는, 퇴직 후에 개인 기술사사무소를 설립하는 소박한 꿈을 품고 있답니다.

Question 인생의 목표를 실현하기 위해서 현재 하시는 활동이 있나요?

현재 '건설안전기술사'라는 자격에 도전하고 있어요. 앞으로는 건설안전 분야의 중요성이 더욱 커질 것으로 생각되기 때문에 관련 분야의 전문 기술사 공부에 매진하고 있습니다.

가까운 사람에게 토목공학기술자 직업을 추천하실 건가요?

토목공학기술자가 되길 원하는 사람이 있다면 당연히 추천하죠. 물론 기술력이라는 것이 단기간에 습득되는 것이 아니다 보니 나이가 들어서까지 계속 공부하면서 자기 발전을 이뤄야 하는 직업이죠. 그만큼 고용의 안정성도 확보되고 보상도 충분한 분야죠.

Question 미래를 책임질 청소년들에게 응원의 말씀 부탁드립니다.

처음엔 저도 그랬지만, 청소년들에게 토목공학기술자라는 직업이 생소할 수 있어요. 토목이면 거칠고 힘든 일이라는 잘못된 선입견을 지닌 사람도 있을 거예요. 하지만 절대로 그렇지 않다는 걸 알았으면 좋겠네요. 토목공학은 국가의 기초가 되는 산업으로서 고부가가치 지식산업이랍니다. 공학이라는 공부가 처음에는 어렵지만, 하면 할수록 매력적이거든요. 다양한 인프라 사업들을 경험하게 되면 그만큼 보람도 느낄 수도 있고요. 청소년 여러분들이 토목공학 분야로 많이 진출해서 훌륭한 지식과 기술을 갖추어 대한민국 건설을 더욱 군건히 이끌어 주길 기대합니다. 화이팅!

어린 시절 부모님께서 평범한 장사를 하면서 넉넉지 않은 가정에서 살았다. 내성적이면서 공부에 관심이 별로 없었기에, 대학은 군대 전역 후에 가게 되었다. 고등학교 때까지 기본적인 학습이 되어 있지 않았기에 대학에서 공부에 매진하였다. 대학교 1학년 때 고등학교 수학을 다시 공부했고, 4학년 때까지 과에서 수석을 여러 번 할 정도로 학과 공부를 열심히 하였다. 경희대학교 토목공학과를 졸업하고 대우건설에 취업하여 근무하다가, 인천국제공항공사에 경력직으로 입사하여 근무하다가 명예퇴직하였다. 2010년부터는 주로 해외에서 일하는 회사에 취직하여 엔지니어로 근무하고 있다. 해외에서 엔지니어로 근무하면서 현지 직원들과 같이 설계, 시공, 운영 등의 업무를 수행하고 있다.

비행장시설 및 기반시설 엔지니어
배종규 (주)유신 전무

현) (주)유신 전무
- 쿠웨이트 인천공항
- (주)리스에이앤에이, (주)건화
- 인천국제공항공사
- 대우건설
- 경희대학교 토목공학과 졸업

자격증
- 미국 PMP(Project Management Professional) 자격증
- 토목기사/건설재료시험기사/토목시공기술사, 도로및공항기술사

토목공학기술자의 스케줄

배종규
전무의
하루

22:00 ~
▶ 취침

05:30 ~ 07:00
▶ 기상 및 출근

18:00 ~ 20:00
▶ 퇴근 및 저녁
20:00 ~ 22:00
▶ 운동, 휴식, 공부

07:00 ~ 12:00
▶ 오전근무

13:00 ~ 18:00
▶ 오후근무

12:00 ~ 13:00
▶ 점심 식사

군복무 후에
대학에
진학하다

▶ 인천국제공항 운항본부 직원들과 기념촬영

▶ 캄보디아 프놈펜 도로공사 보조기층 다짐 Proof Rolling 검사

▶ 캄보디아 프놈펜 도로공사 아스팔트
기층 시공사진

Question　　**어린 시절** 어떤 환경에서 자라셨나요?

　자라온 환경은 부모님께서 평범한 장사를 하는 넉넉지 않은 가정에서 살았어요. 성격은 내성적이었고 공부도 잘하지 못해서 부모님께서 좀 걱정을 하셨던 거 같아요.

Question　　**학창 시절은** 어떻게 보내셨나요?

　사실 공부 자체에 관심이 없었기에 좋아했던 과목이 없었어요. 중학교 때 학업 성적은 중간 정도였고, 고등학교에선 중하위권 정도였죠. 3명 정도의 친한 친구가 있었고, 학창 시절엔 미래의 꿈이나 계획이 없이 지냈어요.

Question　　**제대 후에** 대학에 진학하셨다고요?

　고등학교 때 이과를 선택했고, 고등학교 졸업 후에 바로 대학에 진학하진 않았어요. 대학은 군대 전역 후에 가게 되었는데 학력고사 성적이 별로 좋진 않았어요. 특별한 목표가 있어서 토목공학과를 진학한 건 아니고요. 제대한 그해에 대학 시험을 치렀는데, 그 당시 전기에 떨어지고 후기에 합격했어요. 참 운이 좋았죠.

Question 고등학교를 졸업하고 군대를 다녀와서 대학교에 진학하셨는데, 대학 진학을 결심하시게 된 이유가 있나요?

형과 동생은 대학에 진학했거든요. 어머니께서 저만 대학에 가지 못한 걸 안쓰러워하시고 걱정하셨어요. 대학을 졸업 못 하면 후회한다고 말씀하셨죠. 때마침 대학을 졸업한 형이 취직해서 학비를 지원해줄 형편이 되었답니다.

Question 늦게 대학에 진학하면서 대학 생활에 잘 적응하셨나요?

약간의 아르바이트를 하면서 공부에 매진했어요. 동기들보다 나이가 너무 많아서 다른 활동은 하지 않았죠. 고등학교 때까지 기본적인 학습이 되어 있지 않아서 공부를 참 많이 했어요. 대학교 1학년 때 고등학교 수학을 다시 공부했고, 4학년 때까지 과에서 1등을 여러 번 할 정도로 학과 공부를 열심히 했답니다. 구조역학 같은 분야에선 교수님께서 학부생은 못 푼다고 할 정도의 문제도 다 풀 정도였으니까요.

Question 대학교에 진학하면서 학업에만 매진하셨는데 어떤 계기가 있었나요?

군 복무를 KATUSA에 했고 트레일러 운전병으로 근무했어요. 군대 생활을 미군 부대에서 하면서 미국이라는 나라가 강한 게 기술력이 뛰어나서 강한 나라가 되었다고 생각했거든요. 대학에서 공부를 열심히 해서 미국 사람들보다 뛰어난 기술자가 되고 싶었죠. 훌륭한 기술자가 많아지면 우리나라가 미국보다 더 좋은 나라가 될 수 있을 거란 바람도 있었고요.

대학 시절 특별한 동아리나 교내 활동이 있었나요?

늦깎이 대학생이었기에 대학 시절엔 공부했던 기억밖에 없네요. 그리고 대학 도서관에 가서 원서로 된 전공 서적을 많이 봐서 구조역학 분야는 학부생 수준을 넘어서는 수준으로 공부했던 거 같아요. 교수님도 저를 잘 몰라서 제가 어느 정도의 수준이었는지 잘 모르셨을 거예요.

대학 친구 말로는 제가 졸업 후에 담당 교수님이 저의 근황을 궁금해하셨다고 하네요. 어쨌든 구조역학 같은 과목은 타의 추종을 불허했죠.

외국에서 현지인들과 호흡을 맞추다

▶ 캄보디아 프놈펜 현지 직원들과 2021년 연말 회식 사진

▶ 쿠웨이트 국제공항 Terminal-4 계류장 항공청 합동점검

▶ 인천국쿠웨이트 국제공항 Terminal-4 공항운영센터(AOC) 계류장 관리업무

대학 시절 현재 업무에 도움이 될 만한 활동이 있었나요?

대학교 때 도서관에 가서 미국에서 나오는 잡지(Time, US News & World Report 등)를 많이 봤어요. 그래서인지 다른 학생들보다 해외에 대한 시각이 더 컸던 것 같아요.

Question 뒤늦게 대학에 다니면서 새로운 계획과 목표도 생겼을 텐데요?

대학교 시절 구조역학에 관련한 과목에 매력을 느껴서, 졸업하면 구조설계하는 엔지니어가 되고 싶었어요.

Question 구조역학이란 어떤 학문이고, 실무에 실제로 응용되는 건가요?

영어로 Structural Analysis라고 하는데, 구조물(예를 들어 교량, 지하구조물 등)을 건설할 때 이러한 구조물이 어떤 힘을 받아서 어떻게 움직이는지를 사전에 계산해야 하거든요. 한마디로 구조물이 튼튼하고 합리적으로 건설되도록 하는 학문이랍니다. 실무에서 얼마나 중요한지 아시겠지요?

Question **대학 졸업 후에 토목공학기술자로서 이제껏 걸어오신**
과정을 자세히 듣고 싶어요.

졸업 후 첫 직장은 대우건설이었어요. 거기에서 토목공학기술자로서 기본적인 기술을 배웠고 현장 실무경험은 4년 반 동안 다 익혔어요. 그리고 인천국제공항공사에 입사해서 비행장 토목 분야의 전문가가 되는 토대가 되었죠. 해외에서 엔지니어로 일하면서 외국인과 함께 일하는 방법을 현실적으로 익혔으며, 쿠웨이트 공항에서 근무할 때는 13개 국적의 외국인을 데리고 공항을 직접 운영하기도 했어요. 한국의 엔지니어링 회사에서 근무하면서 우리나라 엔지니어링에 대한 현실과 능력을 경험하면서 새롭게 나아갈 방향을 고민하고 있습니다.

Question **토목공학기술자가 되기 위해서** 기본적인 과정은 무엇일까요?

일단 대학에서 토목 관련 학과를 전공하고 졸업해야 합니다. 그리고 진정한 토목공학기술자가 되기 위해서는 해당 분야에 관한 공부와 실무 능력이 있어야 하죠.

Question **토목기술자가된 후** 첫 업무가 기억나시나요?

첫 업무는 중앙고속도로 1단계 건설이었어요. 위치가 원주에서 서제천까지였고, 치악산 아래에서 고속도로 건설하는 일을 했어요. 산악지역에서 공사하는 것이라서 너무 힘들었던 기억이 있네요.

2010년부터는 주로 해외에서 일하는 회사에 취직하여 엔지니어로 근무하고 있어요. 해외에서 엔지니어로 근무하면서 현지 직원들과 같이 설계, 시공, 운영 등의 업무를 수행하고 있습니다.

Question 토목공학기술자의 근무환경과 급여 수준은 어느 정도인가요?

직장에 따라서 엄청 차이가 나죠. 설계회사나 인천공항에서 근무할 때는 도시에서 출·퇴근이 가능하지만, 시공회사에서 근무하면 지방 현장에서 지내게 돼요. 해외에서 근무할 때는 휴가 때나 한국에 들어올 수 있고, 저처럼 현지 회사에 취직하면 한국에 다녀오기가 어렵죠. 급여는 시공회사가 엔지니어링 회사보다 높지만 근무조건, 적성, 장래성 등을 고려해야 할 것 같아요. 인천공항 같은 공기업도 급여는 높지만, 다른 회사에서 해외 근무를 해도 적지않은 급여를 받을 수 있고요. 외국어 실력이 뛰어나고 공항 분야 같은 아주 특수한 분야로 외국에 진출하는 경우에는 훨씬 더 높은 보상을 받을 수 있어요.

Question 토목공학기술자로서 여러 분야에서 일하시면서 생긴 직업 철학은 무엇인가요?

자기가 하는 분야에 대해서는 전문성을 갖추어야 하고, 그러기 위해선 꾸준히 배우고 익혀야 하죠.

무엇보다 필요한
성실성과 신뢰성

▶ 쿠웨이트 국제공항 유도로 점검 사진

▶ 쿠웨이트 국제공항 시설관리 네팔 직원 송별 기념사진

▶ 쿠웨이트국제공항 Terminal-4 AOC에서 쿠웨이트 직원들과
촬영

수행한 프로젝트 중에서 가장 기억에 남는 것은?

최근 2년 3개월간 쿠웨이트 국제공항 터미널4를 운영
했어요. 업무 내용은 터미널에 연계된 유도로에서부터 계
류장, 터미널, 커브사이드, 주차장 등 에어사이드와 랜드
사이드를 전체적으로 운영하는 업무였죠. 공항 운영에 필
수적인 시 운전 기간도 없이 공사도 준공되지 않은 공항에
서 성공적으로 공항을 운영한 것이 기억에 남네요. 공항 운영
과 더불어 쿠웨이트 항공청 공무원을 대상으로 교육도 했어요. 또한
많은 공항 분야 기술검토 보고서를 직접 작성해서 항공청에 제출하기도 했었죠. 이제껏
쌓아왔던 공항 분야의 모든 실무지식과 기술을 다 쓰고 왔어요. 많이 힘들었지만 좋은
기회였어요.

Question **토목공학의 미래에 대해서** 어떻게 전망하시나요?

확실히는 잘 모르겠으나 4차산업, 설계 자동화 등으로 설계 분야에서는 일부 핵심 엔
지니어 이외에는 일자리가 줄어들 것으로 예상해요. 시공 분야에서 일하면 육체적, 정신
적으로 아주 힘들어요. 나이가 들어도 경력을 인정받을 수 있는 드문 분야지만, 전체 우
리나라 건설 분야의 발전과 흐름을 같이 할 것으로 보이네요. 고부가가치 핵심 엔지니어
링과 시공 분야에선 전망이 좋을 것 같아요.

일부 사람들이 토목 분야가 거칠다고 생각하지만, 실제로 그렇지 않아요. 설계 등의 업무를 수행하는 사람은 일반 사무직보다 더 부드러운 것 같아요. 단, 시공 분야는 외부 환경이나 공사 기간 준수 등에 대한 압박감이 커서 거칠어 보일 순 있겠지만 그것도 사실과 달라요. 저 같은 경우엔 술자리도 별로 좋아하지 않아요. 부실시공 등으로 욕을 많이 먹기도 하는데 우리가 만든 시설물이 외부에 그대로 노출되고, 많은 사람이 직접 접하기에 그럴 수 있다고 봐요. 다른 직업보다 일에 대한 성실성과 신뢰성은 더욱 높다고 생각해요.

Question 해외에서 지내시면서 취미활동은 어떻게 하시는지요?

예전에 한국에 있을 때는 달리기를 하거나 주말에 등산도 했었는데, 해외에서 근무하면서 그렇게 지내기가 현실적으로 어려워요. 그냥 외국인들이 가는 카페나 식당 등에서 식사하던지, 전공 서적을 읽거나 불교 관련 유튜브를 보죠.

Question 청소년에게 권장하고 싶은 책이 있을까요?

창조적인 사람이 되려면 뉴턴, 아인슈타인, 베르누이 등과 같은 과학자에 관한 책을 읽으면 좋겠고, 공상과학 만화나 애니메이션 영화도 괜찮은 거 같아요.

Question 토목공학기술자로서 직업의 매력은 무엇이라고 생각하시나요?

제가 계획하고, 설계하고, 시공하고, 운영하는 시설들을 사람들이 이용한다는 게 매력이 아닐까 싶어요.

Question 인생의 선배로서 청소년들에게 조언 한 말씀 부탁드립니다.

제 경우엔 청소년 시절에 미래에 대한 꿈이나 목표가 없었기에 계획도 없었고 도전하지도 않았어요. 저를 보면 고등학교 때까지 공부 못해도 대학에서라도 열심히 공부하면 전문 자격증도 따고 기술자가 될 수 있다는 생각이 드네요. 늘 기회는 있으니까 열린 자세로 세상을 봤으면 좋겠어요. 사람은 언제든지 바뀌고 발전할 수 있으니까요.

어린 시절 7남매의 막내로 태어나서 별을 보며 과학자를 꿈꾸고, 어머니의 병환을 지켜보며 의사의 길을 다짐하기도 하였다. 중학교 때 영재학급에 다니면서 수학과 과학에 기반을 다졌으며 학습에 대한 즐거움과 자존감도 키우는 계기도 되었다. 고등학교 시절 이과였기에 당시에 인기가 있었던 토목과에 진학하였다. 대학 4년 내내 장학금을 받으면서 졸업과 동시에 첫 직장으로 현대건설에 취업하였다. 여성으로서 불모지와 같은 건설 현장에 뛰어들면서 치열한 노력을 하였고, 경력을 쌓아 현재 근무하는 한국토지주택공사로 이직하였다. 고등학생 두 아이의 엄마이자 직장생활 20년 차 직장맘 엔지니어이다. 기술인으로서 성장하기 위해 매일 책을 보고 공부한다. 국민 모두 쾌적한 환경에서 건강하고 편리한 삶을 누릴 수 있도록 노력하는 토목공학기술자가 되려고 노력 중이다.

한국토지주택공사
이준성 차장

현) 한국토지주택공사 차장
- 현대건설
- 충남대학교 토목공학과 지반공학 석/박사
- 전남대학교 토목공학과

자격증
- 건설안전기술사
- 토질 및 기초기술사
- 토목시공기술사 (최연소, 만28세)
- 토목기사

수상
- 국토해양부 장관 표창

토목공학기술자의 스케줄

이준성
차장의
하루

21:00 ~ 24:00
▶ 자기 계발(영어, 독서, 글쓰기, 공부 등)

07:00 ~ 09:00
▶ 기상, 아침 식사 및 출근 (매일 영어챌린지 30분)

18:00 ~ 19:00
▶ 퇴근 후 저녁 식사
19:00 ~ 21:00
▶ 집안일 (음식 준비, 빨래, 청소 등)

09:00 ~ 12:00
▶ 오전 근무

13:00 ~ 18:00
▶ 오후 근무

12:00 ~ 13:00
▶ 점심 식사 (걷기 30분 이상)

과학자와 의사를
꿈꾸었던
어린 소녀

▶ 유치원 때

▶ 가장 좋아하는 수학 선생님과 졸업 때 찍은 사진

▶ 대학 때 지리산 종주 사진

Question 어린 시절 부모님에 대한 기억이 많이 남아 있나요?

저는 3남 4녀 중에 늦둥이로 태어났답니다. 어릴 때 부모님은 농사를 지으셨다는데, 제 기억 속에 그런 장면은 거의 없고 여러 가지 장사를 하셨던 기억만 나네요. 유독 자식을 많이 두신 탓인지 부모님은 자식밖에 모르시는 분들이셨죠. 자식들을 위해 헌신하셨고, 늘 삶의 중심이 자식들이었죠. 남겨주신 유산도 형제뿐입니다. 맨손으로 어렵사리 일곱 자식을 키우셨어요. 부모님은 평균 이상의 머리와 성실이라는 덕목을 자식들에게 물려주셨죠.

Question 형제들이 많으신데, 형제들에 대한 소개도 부탁드립니다.

언니, 오빠들은 각자의 삶을 주체적이고 독립적으로 살았어요. 그리고 부모님에 대한 마음이 남다른 데가 있었어요. 다들 성실한 노력파들이에요. 형제들 대부분 교사 아니면 공공기관에서 근무하고 있답니다. 지금도 다들 열심히 배우며 살아요. 가끔은 형제들을 보고 놀랍다고 생각하는데, 제 주변 동료들은 저를 보고 같은 생각을 하더라고요. 그렇게 흥부네 가족이 세상에 살아남기 위해서 각자 열심히 공부했고, 성실히 노력했나 봅니다.

Question 어린 시절 학교생활은 재밌었나요?

예체능을 제외한 모든 과목을 좋아했던 거 같아요. 학교 수업이 재미있었고 열심히 공부했어요. 부모님을 즐겁게 해드릴 방법이 공부를 잘하는 거로 생각했나 봐요. 시골 학교여서 가능했겠지만, 학교 수업만으로 성적을 내기 위해 무작정 열심히 했습니다. 채워지지 못하는 앎의 즐거움을 추구했다고 해야 할까요?

Question 어린 시절에 어른이 되면 어떤 사람이 되고 싶었나요?

어릴 때는 과학자가 꿈이었어요. 시골이라 하늘에 떠 있는 별을 보는 즐거움이 컸고 달에도 가고 싶었죠. 그러다가 어머니가 계속해서 몸이 안 좋으셔서 의사가 되고 싶었답니다. 어머니가 아프지 않도록 해드리고 싶다는 마음이 전부였죠. 특별히 꿈에 대한 확신은 없었고, 그냥 상황에 따라 그 정도 생각했던 것 같아요. 과학자나 의사 정도.

Question 중고등학교 시절은 어떻게 보내셨나요?

성적은 항상 상위권이었어요. 거의 매년 반장을 했었고, 교우관계도 두루두루 무난한 관계를 유지했답니다. 특별한 동아리 활동을 하진 않았고요. 중학교 때, 시에서 운영하는 영재학급에 선발되었고, 중3 때 과학고에 진학하려고 했지만 떨어졌죠. 그래서 비평준화 지역 인문계고에 시험을 봐서 입학했습니다. 지금 돌이켜보면 사교육 없이 특목고에 가는 게 불가능한 일임을 알겠는데, 그때는 혼자서 상처받고 방황을 많이 했어요. 고등학교 때도 모범생으로 무난하게 지냈습니다. 너무 평범해서 특별할 게 없는 학창 시절이었네요.

Question 중고등학교 때 진로나 진학에 도움이 될 만한 활동이 있었나요?

중학교 때 영재학급에 다니면서 수학과 과학을 선행해서 배웠어요. 그 경험을 바탕으로 과학 경시대회와 수학 경시대회에 나갔었죠. 그때 과학자의 꿈을 키웠고, 어떤 분야에서든지 과학자가 되고 싶었답니다. 또한 정규과정 외 수업을 통해 얻을 수 있었던 배움에 대한 열망을 충족할 수 있던 시간이었죠. 공부에 대해 조금씩 성장하는 것 자체가 즐거움이었고, 자존감도 키워주었습니다.

여성으로서 토목과에 지원하는 게 흔한 일은 아니죠?

제가 98학번인데요, IMF, 국제구제금융이 결정된 직후였지요. 그 해는 취업이 잘 되는 의학 전공과들과 교대, 사대 입학점수가 굉장히 많이 올랐던 해였어요. 의대에 진학하고 싶었지만, 점수가 불가능했고 가정 형편상 재수는 어려웠거든요. 오빠와 언니가 중등교사였는데 교사는 정말 되기 싫었어요. 이과였기 때문에 공대 입학을 결정했고, 그 당시 건축과와 토목과가 가장 인기였어요. 취업이 가장 무난한 학과였기 때문에요. 부끄럽지만 그렇게 점수에 맞추어 토목과에 입학했답니다. 토목과가 무엇을 배우는 학과인지도 전혀 몰랐어요.

대학에 진학해서 낭만적인 대학 생활을 보내셨나요?

대학 생활 내내 공부만 했네요. 4년 내내 장학금을 받아야만 했거든요. 지역에서 주는 성적 장학금을 받았는데, 평점이 A학점 이상 되어야만 했어요. 대학 졸업과 동시에 취업할 수 있도록 토익 준비도 했고요. 경제위기로 인해 재미없었던 고등학생 시절과 같은 대학 생활을 했다고 봐야죠. 대학을 졸업하면 독립해야 한다는 삶의 압박감에 더 열심히 공부했던 거 같아요.

시골에서 자란 환경이 토목공학기술자로 사는 데 영향을 미쳤나요?

토목공학이라는 학문 자체가 이타적인 학문입니다. 개인을 위한 것이 아닌 공공을 위한 기반시설을 만드는 학문이지요. 또한 항상 자연과 함께하는 학문이에요. 바다를 메우고 산을 깎고, 무엇보다 야외작업으로 날씨에 영향을 많이 받는 자연에 순응하며 일해야 하는 인문학적인 학문이랍니다. 시골에서 자라면서 자연과 어울리며 산으로 들로 뛰어다녔던 경험이 지금의 삶에 도움이 되고 있어요.

여성의 신분으로 토목의 불모지에 뛰어들다

▶ 현대건설 입사 때 동기들 중 함께했던 조원들

▶ 신입사원 수련회 후기

▶ 남편과 함께 신문에 나왔던 기사 스크랩

Question 대학과 학과를 정하는 데 도움을 준 사람이 있었나요?

솔직히 아무도 토목과를 선택하는 데 지지와 관심이 없었어요. 다만, 둘째 오빠가 농토목을 전공하고 토목 관련업에 종사하고 있었던 시기였어요. 취업이 잘 된다는 오빠의 조언이 전부였죠.

Question 여성으로서 토목 현장에 적응하는 게 쉽진 않았을 텐데요?

7학기 졸업을 하면서 취업 준비를 했어요. 첫 번째 직장이 현대건설입니다. 광주지하철 건설 현장에 배치받아 근무했는데, 토목공학에 관한 이론만 공부하다가 실전에 배치되면서 현실과의 괴리감이 컸어요. 특히나 여성에게 불모지와 같은 건설 현장에 뛰어든 저는 마치 광대가 된 느낌이었거든요. 안전화, 안전모, 각반을 착용하고 나온 저를 모두 다 쳐다보았고, 그 남성들의 세계에 맞서 이겨내야 한다는 걸 직감했죠. 남편은 현대건설 입사 동기였는데, 저는 결혼하면서 현재 근무하는 한국토지주택공사로 옮겼답니다. 여기서도 현장 기사가 아닌 현장감독으로 토목 현장에 나갔지만, 저는 물 위에 뜬 기름 같은 기분이었어요. 그 당시만 해도 여성에 대한 편견과 무시가 있었죠. 여성들의 사회 진출이 본격화하던 시기였으니까요.

Question 광주지하철 건설 현장에서의 첫 업무에 관해 좀 더 설명을 들을 수 있을까요?

호남선 철도하부를 횡단하는 구간을 담당하는 토목기사로 근무했어요. 비개착공법인 TRCM 공법으로 철도하부를 횡단하면서 진짜 기술자가 된 듯한 기분이 들었죠. 정거장 기초공사를 하면서 온종일 콘크리트 타설(콘크리트를 정해진 위치에 비벼서 넣는 작업)을 하느라 밤까지 현장을 지키기도 했어요. 지하 2층 규모의 정거장을 가설계단으로 내려가면서 제가 고소공포증이 있다는 걸 알았답니다. 지하철 공사를 담당하면서 토목공학이 갖는 방대한 스케일에 매료되었죠.

Question 여성 감독으로서 토목 현장에서 어떻게 버틸 수 있었나요?

토목 현장은 같은 현장이 없기에 제조업화도 될 수 없고 경험이 중요합니다. 작업반장이라 불리는 명장들이 진두지휘하는 현장에서 경험도 미천한 여성 감독은 무시당할만한 존재였죠. '저러다 그만두겠지'라는 눈치가 느껴지는 상황이 빈번했답니다. 제가 7남매의 막내로 살아내기 위해 단련했던 시간과 더불어 자존심이 없었다면 정말 그만두었을 거예요. 대학에 여자 동기가 7명 입학했는데, 졸업할 때는 저 혼자였습니다. 다른 여자 동기들은 새로 대학에 들어가거나, 전과 혹은 복수전공을 했거든요. 쉽지 않은 전공임은 분명한거 같아요. 어쨌든 그런 혹독한 환경에서 버텨내야 했고, 부모님께 부담드리지 않고 빨리 독립하고 싶었거든요. 그래서 최연소 토목시공기술사가 되었습니다. 저를 기술인으로 인정하지 않는 모든 동료와 시공사, 협의기관에서 기술사라는 고급 자격은 필요할 수밖에 없다고 생각했지요. 그런 자격을 빨리 갖추고 싶었고, 인정받고 싶었어요. 여성이라는 이유 하나만으로 무시당하는 게 너무 억울했답니다.

Question 현대건설에서 한국토지주택공사로 옮기신 특별한 이유가 있나요?

토목공학기술자가 진출할 수 있는 분야가 다양하지만, 저는 공공기관에서 근무하는 게 만족스러워요. 정부가 계획을 수립하면 공공기관은 이를 현실화하는 기관입니다. 세부 계획을 수립하고 설계를 하고 발주를 하고 건설을 하죠. 그리고 시민들이 이용하는 과정에서 관리도 맡아요. 토목공학자가 할 수 있는 업무 범위 중에 가장 넓은 범위의 경험을 할 수 있는 곳이 공공기관입니다. 물론 개인의 의지에 따라 행정업무만 할 수도 있지만, 기회의 폭은 공공기관이 가장 넓답니다.

Question 토목공학기술자가 되면 어떤 분야로 진출할 수 있을까요?

일단 토목공학과를 졸업하고 토목기사를 취득해야 합니다. 만약 교수를 원한다면, 이후 고등 교육과정에 진학해야 하고요. 취업을 원한다면 설계사, 시공사, 공공기관, 공무원 등이 있겠지요. 4년의 실무경험이 있다면 기술사라는 전문 자격증에 도전할 수 있어요. 무엇보다 실제 현장경험을 꼭 해 봐야 한다고 생각해요. 현장경험 없이 이론적인 내용만 다룬다면 기술인으로서 한계가 있거든요. 왜냐하면 토목은 현장에 답이 있으니까요. 토목공학은 규모가 매우 크기에 직접 땅을 밟아봐야 한다고 말씀드리고 싶네요.

Question 일하시면서 가장 중요하게 생각하시는 직업 철학이나 신념은 무엇인가요?

이타심입니다. 공공이 이용하는 시설을 만드는 학문이기 때문에 이 시설물을 이용할 사람들을 머릿속에 떠올리며, 편하고 안전하게 이용할 방법을 생각해야 하죠. 효율성이나 결과를 중시하기보다 단 한 명의 사람이라도 불편함이 없도록 기획하고 구현하는 학문이 토목공학이거든요.

Question **한국토지주택공사에 관한 소개와** 현재 맡으신 일에 관한 설명 부탁드립니다.

한국토지주택공사는 국민의 주거생활 향상과 국토의 효율적인 이용을 도모하여 국민경제의 발전에 이바지할 목적으로 설립되었죠. 한국토지주택공사는 토지의 취득, 개발, 비축, 공급, 도시 개발, 정비, 주택의 건설, 공급, 관리업무를 수행하고 있답니다. 저는 세종시의 개발사업을 담당하고 있는 세종특별본부에 단지설계업무를 담당하고 있어요. 아시다시피 세종시는 국토의 균형발전을 위해 추진된 행정중심복합도시잖아요.

Question **지금까지 했던 업무 중에서** 특별한 감회가 있었던 경험이 있을 텐데요?

3년 동안 평택에서 지하차도 감독을 하면서 지하차도 터파기부터 시작해서 준공 후 개통까지 심지어 유지보수공사까지 했었죠. 국도 1호선 아래 지하차도 공사를 하기 위해 임시시설을 설치하고, 수많은 차량을 통과시키며 안전사고 없이 현장을 마무리했던 경험이었어요. 지하차도 건설 당시 수많은 민원이 있었고, 도심지에서 하는 난공사라 힘든 시간이 많았었죠. 그런데도 개통 후 많은 시민이 편리하게 이용하는 지하차도를 보니까 뿌듯하더라고요. 특히, 현장에 감독만 배치되어 거의 전적으로 제가 진두지휘했던 현장이라 더 감회가 남다릅니다.

▶ 아치교 상판 연결시 사진

끊임없이 도전하는
직장맘
토목공학기술자

▶ 지반조사 사진

▶ 회사에서 개최한 연말 작은음악회에서 사회 진행

Question **한국토지주택공사의 근무환경이나** 처우는 어떤가요?

공공기관에 근무하는 저의 환경은 설계사나 시공사에 비해 나은 편이에요. 현장에 근무하면 날씨에 따라 늘 현장에 대기해야 하고, 현장 외 구간에 영향이 없도록 관리해야 합니다. 현장의 위치가 도심지보다 외곽 지역에 많다 보니 근무환경이 좋다고 말씀드리지는 못하겠네요.

Question **토목공학기술자로서 일해오시면서** 새롭게 알게 된 사실이 무엇인가요?

정말 많아요. 우리나라에서 건설하고자 하면 많은 법을 검토해야만 가능하다는 것을 알게 되었죠. 그리고 토목공학은 그야말로 인문학적인 학문이라는 것도 깨닫게 되었고요. 우리는 늘 대지에 노크하고 자연의 소리에 귀 기울여야만 하는 학문입니다. 늘 대지 위에서 일하니까요.

Question **토목 건설에 관한 잘못된** 이미지도 있을 거 같은데요?

과거 자금세탁이나 어둠의 세력이 주도했던 토목 현장의 이미지가 남아 있어요. 건설산업이라고 하면 불법, 폭력, 기술력 없이도 아무나 할 수 있을 것 같은 그런 이미지가 남아 있다는 게 꽹장히 속상하죠. 현재 국내 건설기술은 세계적 수준으로 과거 일본이나 미국의 설계기준을 그대로 카피한 것이 아니라 독자적 기술을 개발하고 있답니다. 단기간에 해외 유학을 통해 기술 습득을 해 오신 선배님들의 노력으로 자체 기술을 성장시키고 있고요. 관련법 등의 개정이나 도입을 통해서 어떤 산업보다도 투명하고 상생을 기반으로 하는 산업이 건설산업입니다.

취미활동이나 스트레스 해소 방법에 대해 알고 싶어요.

영어 공부 앱에서 미국이나 영국 드라마를 보기도 하고, 책을 읽고 글을 써요. 브런치 작가로 활동하고 있는데, 글을 쓰면서 저 자신을 돌아보는 시간이 스트레스 해소에 가장 도움이 됩니다.

Question

토목공학기술자로서 앞으로의 계획이나 바람을 나눌 수 있을까요?

아무래도 여성 토목기술인으로서 후배들에게 많은 영감을 줄 수 있었으면 좋겠습니다. 남성들의 세계에서 살아남기 위해 기술적으로 노력해왔던 과정이, 어려운 상황에 있는 후배들에게 힘이 되지 않을까 싶어서요. 이제 박사과정도 마쳤고, 논문이 마무리되면 LHU 사내대학 교수로 활동하려고 해요. 그 후엔 여러 교육기관에서 토목 관련 강의를 하고, 각종 기술심의 위원으로 활동하려고 해요. 그동안 쌓아온 경험을 바탕으로 많은 분께 도움을 주고 싶어요. 기회가 된다면 모교에서 객원교수로도 활동하고 싶고요.

▶ 충남대학교 진로 특강

Question 목표를 실천하기 위해서 현재 어떤 공부를 하고 있나요?

요즘은 토목구조기술사를 취득하기 위해 공부하고 있습니다. 토목에 전문분야가 여럿 있지만, 가장 핵심적이면서 어떤 시설물도 피해갈 수 없는 분야가 바로 구조 분야와 토질 분야거든요. 시설물을 앉히려면 지반을 알아야 하기에 토질기술사가 필요하고, 구조물을 설치하려면 구조기술사가 필요하죠. 이 두 자격을 동시에 갖춘다면 토목공학기술자로서 더 바랄 게 없이 충분하다고 생각해요. 또한, 영어 회화 공부도 하고 있어요. 나중에 해외에서 기술강의나 업무를 하게 될지도 모르니까 틈틈이 준비하고 있답니다.

Question 가족이나 지인에게 토목공학의 길을 권하실 건가요?

토목공학의 매력은 무엇보다 공공의 이익에 이바지하는 시설을 만들고 있다는 점이죠. 그래서 현재 고2 아들이 토목공학에 진학하려고 한다면 저는 적극적으로 찬성할 겁니다. 아들이 세상을 바라보는 넓은 시각과 호연지기를 키울 수 있는 업무 스케일을 익혔으면 좋겠네요. 더 나아가 해외로 진출하는 토목공학기술인이 되려고 한다면 지원을 아끼지 않을 겁니다.

Question 인생의 진로로 고민하는 청소년들에게 응원의 말씀을 부탁드립니다.

세상을 살다 보면 많은 고비가 와요. 그때 지쳐 쓰러지지 말고 굳건히 버티며 이겨내길 바랍니다. 먼저 자기 자신을 사랑하세요. 당신은 이 세상에서 유일하기에 가장 소중한 존재랍니다. 엄마의 마음으로 어떤 길을 가든지 응원할게요. 누구보다 여러분의 선택을 지지하고 축복합니다. 진심으로 사랑합니다.

토목공학기술자이자 대학 교수이신 아버지의 영향을 많이 받아 어릴 때부터 토목이라는 학문에 관심을 두게 되었다. 학창 시절 수학과 과학을 좋아했지만, 교과보다는 창의력을 발휘할 수 있는 발명반 활동을 많이 하였고, 그것을 인정받다 '21세기를 이끌어갈 우수인재상'도 받게 되었다. 함께 수상한 친구들 때문에 다양한 경험을 하게 되었고, 한양대학교에서 융합전자공학과 건설환경공학을 전공하였다. 부모님의 영향으로 영국에서 유학하면서 지반공학으로 석사학위 취득 후에 현대건설 기술연구소에서 토목 시공과 지반 분야로 기술지원 업무를 맡았다. 이러한 경험을 바탕으로 서울시 건설업의 스마트화를 이끌 수 있는 정책과 기술 연구를 수행하고 있다. 현재 서울기술연구원에서 융합 건설 분야에 근무 중이다.

서울기술연구원
이영석 연구원

현) 서울기술연구원
• 한양대학교 건설환경공학 박사 수료
• 토목시공기술사 / PMP 취득
• 현대건설 기술연구소
• 임페리얼컬리지런던 토질역학 석사
• 한양대학교 융합전자공학부 & 건설환경공학 학사
수상
• 21세기를 이끌어갈 우수인재상 (대통령상)

토목공학기술자의 스케줄

이영석
연구원의
하루

22:30 ~
▶ 취침

06:30 ~ 07:30
▶ 기상 및 출근

18:00 ~ 20:00
▶ 자유 시간1
20:00 ~ 22:00
▶ 자유 시간2

08:00 ~ 12:00
▶ 오전 근무
 (정책 동향, 자료조사,
  인터뷰)

13:00 ~ 17:00
▶ 오후 근무
 (회의, 출장 등)
17:00 ~ 18:00
▶ 퇴근 및 귀가

12:00 ~ 13:00
▶ 점심, 운동

* 자유시간에는 보통 운동합니다.

토목 전문가인
아버지의
길을 따라가다

▶ 고등학교 1학년 직업탐방 건축가 만남 (2004)

▶ 금강산 고등학교 1학년 수련회 (2004)

▶ 현대건설 신입사원 연수 (2016)

부모님은 어떤 분이셨고 어떤 영향을 주었나요?

토목공학기술자이자 대학 교수이신 아버지의 영향을 많이 받아서 어릴 때부터 토목이라는 학문에 자연스럽게 노출된 것 같아요. 사실 영국 유학도 아버지가 졸업하신 대학이라서 자연스럽게 선택하게 되었죠. 부모님은 저에게 많은 도전과 기회의 상황을 만들어 주셨어요. 고교 시절 제가 호기심이 많아 발명반 활동을 하며 학업에 다소 신경을 쓰지 못할 때도 다른 부모님들과는 달리 응원과 지원을 많이 해주셨죠. 그 덕분에 대통령상을 받을 수 있었고, 이를 계기로 도전 정신을 갖추게 되었답니다. 특히, 영국 유학 생활은 저에게 큰 도전이었고, 제가 학문적으로나 정신적으로나 더 발전할 수 있는 토대가 되었죠. 이러한 다양한 배경 덕분인지 항상 새로운 것을 접하는 것에 두려움이 없고, 편하게 즐기면서 할 수 있는 것 같아요. 지루해질 수 있는 회사생활에서 이러한 삶의 태도는 제가 끊임없이 발전하게 하는 원동력이에요.

 **자라면서 특별히 관심을 두거나 흥미를 느낀 분야가 있었나요?**

저는 수학과 과학을 좋아했지만, 교과보다는 창의력을 발휘할 수 있는 발명반 활동을 많이 했어요. 기존의 아이디어를 조금만 바꾸고 다른 안목으로 바라보면 새로운 아이디어를 얻을 수 있었어요. 이러한 아이디어가 발명 활동에 큰 도움이 되었죠.

중고등학교 시절 삶의 태도나 성향이 바뀐 계기가 있었나요?

저는 아주 평범한 학생이었어요. 남들 눈에 띄는 걸 좋아하지 않았지만, 마냥 조용한 학생은 아니었고 그냥 무난한 성격으로 지냈지요. 반에서 중상위권 정도의 성적을 유지했고 친구들하고도 두루두루 잘 지냈어요. 특히, 발명반 활동을 하면서 comfort zone 에서 벗어나 새로운 환경에 노출되었죠. 저 스스로 문제를 해결해야 하는 상황을 자주 경험했고, 이때부터 점차 외향적인 성향으로 바뀐 거 같아요. 편하게 공부만 하면 좋겠지만, 너무 평범한 삶은 지루하거든요.

토목 분야의 전문가이신 아버지의 영향으로 토목공학에 관심을 두신 건가요?

맞아요. 아버지의 영향이 컸죠. 아버지는 산사태 분야에서 전문가이셨고, 몇 번 같이 현장 출장을 다니면서 기술자로서의 아버지를 보면서 멋있다고 생각했어요. 그리고 전자공학이라는 최신의 학문을 선택한 계기는 제가 평소에 전자기기에 관심이 많았거든요. 어려서부터 관심을 두었던 토목도 같이 공부하면서, 전통적인 토목 분야에 전자 지식을 활용하면 어떨까 하는 생각을 했죠.

 **Question** 대학 생활을 하시면서 다양한 분야의 친구들을 만나셨다고요?

대학 시절 그야말로 평범한 공대생이었어요. 그리고 발명반 경험을 활용하여 시골 학생들에게 창의성을 가르치는 교육 봉사도 했었고요. 대학에 입학하면서 '21세기를 이끌 우수인재상'을 받으면서 다양한 배경의 친구들을 만나게 된 건 행운이었죠. 음악, 무용, 체육, 봉사 등의 다양한 분야에서 최고의 성적을 낸 친구들에게 주는 상이거든요. 함께 수상한 친구들은 평소 제 주변에서 볼 수 없는 사람들이었고, 이 친구들을 만나면서 제가 경험하지 못한 세계를 체험할 수 있었죠.

Question '21세기를 이끌 우수인재상'을 어떻게 받게 되셨나요?

고교 시절 발명반 활동 경력이 우수하여 서울 대표로 추천되었고, 대통령상을 받게 되었어요. 대학 입시를 앞둔 중요한 시기에 남들에게 "공부 안 하고 뭐 하나?"라는 비난을 들으면서도 열심히 준비했거든요. 그러한 열정적인 노력에 대한 보상과 같은 거였죠. 이를 계기로 삶에 대한 태도가 긍정적이고 도전적으로 바뀌었답니다.

Question 학창 시절부터 품었던 장래 희망은 무엇이었나요?

엔지니어 자체가 제 꿈이었습니다. 아버지도 엔지니어로서 저의 길을 지지하셨죠. 돌이켜보니 제가 효율을 극대화하는 걸 좋아했었는데, 이러한 면에서 저에게 공학자의 길은 참 잘 어울리는 것 같네요

현대건설
기술연구소에서
서울기술연구원으로

▶ 학창 시절

▶ 학창 시절

▶ 학창 시절

▶ 21세기를 이끌 우수인재상 수상 (2007)

Question 첫 직장에서 경험하신 업무는 어떤 것이었나요?

현대건설 연구소에서 근무하면서 전통적인 건설산업에서의 공학자의 역할을 경험했어요. 시공회사의 프로젝트에 참여하면서 현장에서 발생하는 문제를 같이 고민하고 해결하는 기술지원이 주된 업무였죠. 건설사업은 지반 조건이 가장 중요하거든요. 이것은 나라마다, 도시마다, 프로젝트마다 지반 조건이 다르기에 지반공학자의 역할이 매우 중요합니다. 이때 지반조사를 수행하면서 기존 설계와 시공 방법의 문제점을 해결하는 역할을 했어요.

Question 토목공학기술자가 되는 과정을 설명해 주시겠어요?

일단 대학에서 토목공학이나 건설환경공학부를 전공해야 합니다. 보통 토목기사를 취득하여 시공이나 설계 회사에 취업하게 되죠. 이때 4~5년의 현장 업무와 프로젝트를 수행하며 쌓은 지식을 바탕으로 토목시공기술사를 취득해요. 기술사를 취득한다는 것은 기본적인 엔지니어로서의 소양을 갖고 있다는 걸 의미하지요.

Question 토목공학기술자가 된 후 첫 업무는 어떻게 시작되었나요?

현대건설이 첫 직장이에요. 현대건설은 우리 눈에 보이는 모든 것을 만듭니다. 교량, 터널, 도로, 항만, 건축물, 아파트, 플랜트, 공장, 발전소 등등. 저는 이 모든 구조물이 세워질 수 있는 땅(지반)을 설계하는 업무를 맡았어요.

현대건설에서 근무하시면서 가장 기억에 남는 공사는
무엇이었나요?

칠레 차카오 교량 프로젝트가 인상적이었죠. 지구 반대편에서 국가에서 가장 큰 교량을 만드는 일이기에 자랑스러웠습니다. 또한 기초 작업, 즉 말뚝 기초 시공 문제를 직접 현장에 방문하여 조사하고 분석하면서 해결책을 제안했어요. 말뚝 기초 중에서도 규모가 컸었기에 이러한 특수한 설계나 시공에 제가 관여할 수 있다는 점에서 가장 기억에 남는 것 같아요. 2018년쯤 방문하여 기술지원을 하였는데, 현재 2022년에도 시공 중이라고 하네요. 현재도 전 직장 동료들에게 현황을 묻고 주목하고 있답니다.

서울기술연구원에 관한 소개와 현재 맡으신 업무에 관한
설명 부탁드립니다.

서울기술연구원은 시정과 관련하여 각종 기술과 정책과제에 관한 종합적인 연구를 진행하는 서울시 산하기관의 연구원이랍니다. 지방자치단체에선 최초로 설립되었고 과학기술 분야를 응용하고 실증하는 연구기관이죠. 저는 건설 정책과 기술에 관한 연구를 맡고 있어요.

일하시면서 가장 중요하게 여기시는 신념이나 철학이
있을까요?

동료나 이해관계자들과의 커뮤니케이션입니다. 기술과 지식도 중요하지만, 일이라는게 사람들이 하는 것이기에 서로 간의 의사소통이 제일 중요하다고 생각해요.

토목 건설 분야의 근무 여건에 관하여 알려 주세요.

건설인에게 출장이나 타지 생활은 숙명입니다. 서울에서 근무하는 게 가장 편하지요. 일반적인 사무직으로 일하게 됩니다. 현장에 발령 나면 실제 현장에 나가서 공사를 수행하거나 현장사무소에서 공무를 수행하게 되죠.

토목공학기술자를 바라보는 일반인들의 잘못된 시각은 무엇인가요?

현장에서 근무하면 주변에서 안쓰럽게 보는 느낌이에요. 공부 못해서 현장에서 공사 일을 한다고 생각하는 거 같아요. 하지만 현장에서 일하시는 공사 관련자들은 모두 전문가랍니다. 이렇게 공사장에서 일하는 사람들에 대해 잘못된 편견이나 오해가 조금 아쉽긴 하죠.

최대한 다양한 환경에 자기를 노출하라

▶ 현대건설

▶ 현대건설

▶ 현대건설

▶ 서울기술연구원 YTN 인터뷰 사진 (2021)

스트레스를 해소하기 위한 취미활동을 하시나요?

운동을 많이 합니다. 저는 운동을 해야지 업무 생각을 잊을 수 있기에 다양한 취미생활 중에서도 운동은 꾸준하게 해요. 요가, 필라테스가 내면에 집중할 수 있는 운동이라면, 골프나 테니스, 수영은 좀 더 활동적인 운동이라서 좋아합니다.

Question **토목공학기술자로서** 목표와 비전을 공유해 주세요

제 목표는 서울시민에게 양질의 건설 서비스를 제공하는 일입니다. 제 인생의 비전은 인류가 조금 더 나은 삶을 살 수 있게 이바지하는 겁니다.

Question **인생의 목표를 실현하기 위해서** 현재 어떠한 도전을 하시는지요?

실제로 토목 분야에서 자격증은 매우 중요해요. 프로젝트 수행에 필요한 최소 기술자 인원수도 정해져 있기에, 지속해서 공부하고 시험을 치러 자격증을 취득해야 하죠. 저도 최근에 토목시공기술사를 취득했답니다.

지인 혹은 가족들에게 토목공학기술자라는 직업에 대하여 추천 의사가 있으신지요?

토목기술자는 우리 사회의 기반시설을 만든다는 점에 있어서 매우 매력적인 일입니다. 토목이 없다면 아파트, 건축물, 발전소, 도로가 없다고 보시면 돼요. 이러한 큰 프로젝트를 수행하는 것도 가슴 뜨거운 일이기도 합니다. 직업 특성상 타지 생활이 어려울 수도 있지만, 이 또한 즐길 줄 아는 사람에게는 매력적인 포인트라고 할 수 있죠. 가까운 이들에게 당연히 추천합니다. 다만, 더는 인프라 개발 요소가 많지 않다는 점이 조금 아쉽긴 해요. 북한과의 통일이 이루어진다면 토목이 새로운 부흥을 맞이하겠죠.

진학과 진로를 결정해야 하는 청소년들에게 격려의 한 말씀.

토목공학기술자이든 다른 꿈이든 일단 꿈을 갖는 게 중요하다고 봐요. 최대한 자기 자신을 다양한 환경에 노출하여 의미 있는 체험을 하는 게 도움이 될 거예요. 어릴 때만 꿈을 꾸고 실현하는 게 아니라, 나이가 들어도 끊임없이 도전하고 실현해가는 것이거든요. 우리나라 교육 시스템에서 다양성을 경험하는 게 한계가 있다는 생각이 드네요. 하지만 스스로가 노력한다면 다채로운 경험을 쌓을 기회는 충분하다고 봐요. 학업에도 충실해야겠지만, 책이나 유튜브 등 다른 사람들의 의미 있는 경험을 얻을 수 있는 매체는 많아요. 세상은 책에서 배우는 것보다 훨씬 넓고 깊어요.

토목공학기술자에게
청소년들이 묻다

청소년들이 토목공학기술자에게
직접 물어보는 9가지 질문

토목 관련 분야의 실무에서 꼭 필요한 공부는 어떤 것이 있을까요?

기본적으로 구조역학(structural Engineering), 수리학 (Hydraulic Engineering), 토질역학 (Geotechnical Engineering)에 대한 기본적인 엔지니어링을 알아야 해요. 그리고 외국의 선진기술을 익히려면 영어로 소통할 수 있어야 하죠. 언어는 영어 이외에 제2외국어(불어, 스페인어, 아랍어 등)의 언어를 구사하면 외국에서 일할 때 좋답니다. 실제로 외국에 나가보면 3개 이상의 외국어를 구사하는 사람들이 많아요. 학문적으로 좀 더 발전하려면 공업수학과 통계학(Engineering Mathematics and Statistics)을 익히면 좋고요.

토목 분야에서 여성의 신분으로 일하는 게 어렵지 않나요?

'직장맘'에게 관대하지 않은 사회에 맞서며, 여성 기술인으로 인정받고 살아남기 위해 계속 공부했어요. 제가 할 수 있는 유일한 노력이었거든요. 일반기술사보다 전문기술사가 더 필요했고요. 여성이란 이유로 승진이 안 된다면 회사를 그만둘 각오를 했고, 전문기술사가 있어야 사회진출이 가능했으니까요. 그렇게 토질및기초기술사(전체 1,400여 명, 국내 여성 6호)를 취득했답니다. 대학원에 진학해서 석사 졸업 및 박사수료 후 논문을 쓰는 중이고, 늦어도 내년엔 졸업할 예정이에요. 박사를 졸업하면 LHU 사내 교수에 응시할 생각입니다. 제 배움을 후배들에게도 나누어 주고 싶어요. 공부와 더불어 업무적으로도 여느 남직원에게 밀리지 않을 만큼 열심히 일했죠. 현장 업무, 사업계획 수립, 단지설계 등 기술 관련 전반적인 업무를 두루 거쳤어요. 여성이라는 이유, 애 엄마라는 이유로 무시당하지 않기 위해 무던히 애쓰며 살아왔네요.

고등학생이 토목공학에 관심이 있다면
지금 당장 어떤 걸 준비하면 좋을까요?

현재의 대학입시는 수시전형이 상당한 부분을 차지하고 있어서 성적 관리와 더불어 1학년 때부터 진학목표를 위한 Plan을 학교생활기록부에 기록·관리하는 게 필요할 것 같네요. 장래 직업에 대한 일관성과 연관성을 고려하여 목표를 정하면 좋고요. 건설 관련 사이트(대한토목학회, 한국시설물안전진단협회, 한국건설기술연구원, 대한건설협회, 한국건설기술인협회 등)를 찾아보면 토목에 관해서 더 자세히 알 수 있어요. 토목과 관련한 책을 읽고 독후감을 작성해보는 것도 좋은 방법이고, 토목·건설 관련 공모에 참여하는 것도 도움이 될 거예요.

실제로 토목공학기술자로서 일하시면서
새롭게 알게 된 점은 무엇일까요?

학교 다닐 때는 토목공학기술자라고 하면 공무원이나 시공회사, 설계회사에서 일하는 사람인 줄 알았어요. 그런데 토목공학기술자의 업무영역이 굉장히 넓다는 걸 알게 됐죠. 국가연구기관을 비롯하여 부동산개발 분야, 은행, 증권회사, 소프트웨어 회사 등 토목 분야가 없는 곳은 찾기가 어렵죠. 그리고 토목엔지니어들은 사무실에서 도면만 그리고 구조계산만 하는 재미없는 직업이라 생각할 수도 있는데, 절대 그렇지 않아요. 출장 업무도 많아서 주1~2회 정도 전국 방방곡곡을 다니며 현장을 둘러보며 다양한 사람들과 회의합니다. 기차를 타고 전국을 다니면서 다양한 것을 익히고 유명 맛집을 다녀볼 기회도 있으니 정말 좋은 직업이죠.

일본에서의 단기 연수를 통해 어떤 도움을 받으셨나요?

대학 4학년 시절, 학과에서 주최하였던 일본 단기 연수가 제 전공에 대한 확신을 주었죠. 토목공학의 분야만큼은 일본이 우리나라 기술력보다 좀 더 앞선다고 볼 수 있거든요. 1주일간의 짧은 단기 연수 기간이었지만 인공 하천, 대형 지하 터널, 쓰나미에 대한 모의실험 등을 직접 경험하면서 토목공학에 더욱 관심을 두게 되었어요.

**서울기술연구원의 건설 정책과 관련한
연구를 자세히 알고 싶어요.**

대표적인 건설 정책 기획 연구는 스마트건설기술 도입에 관한 방안 연구와 서울시 BIM 적용 가이드라인 및 로드맵 작성 연구라고 할 수 있죠. 건설산업에 스마트 기술의 도입에 따른 생산성 향상과 더불어 안전관리 효과를 높이는 걸 목표로 하고 있어요. 스마트건설기술이 잘 도입될 수 있도록 법·제도, 조직, 환경 등을 분석하여 서울시 스마트건설정책을 수립하는 연구를 진행합니다.

*BIM : Building Information Modeling, 기존의 CAD 등을 이용한 평면도면 설계에서 한 차원 진화해 3D 가상공간을 이용하여 전 건설 분야의 시설물의 생애주기 동안 설계, 시공 및 운영에 필요한 정보, 모델을 작성하는 기술

시설공단에서의 근무 여건과 직업적 전망은 괜찮은가요?

시설공단의 근무환경은 주간 근무 일반직을 기준으로 9시에 출근해서 하루 8시간 근무를 원칙으로 합니다. 공휴일 휴무 보장으로 민간기업보다 개인 시간 관리가 비교적 좋다고 말할 수 있겠네요. 일반 직 1급~8급까지 직급이 있고 1~3급은 연봉제, 4~8급은 호봉제랍니다. 따라서 직급에 따라, 호봉에 따라 연봉이 다르기에 연봉이 얼마라고 특정하기는 어려워요. 대략 대졸 초임 기준으로 공무원과 대기업 의 중간 정도 급여 수준이라고 보면 돼요. 국내 토목시설물은 새로운 건설보다는 준공된 시설물이 시간 이 지날수록 노후화되어감에 따라 유지관리 분야의 중요성이 커지는 추세죠. 따라서 유지관리 분야가 토목의 한 분야로 자리 잡았고, 그 비중이 점차 커질 거로 전망합니다. 도전해보면 좋을 것 같네요.

공사나 공단에 취업하려면 어떤 준비과정이 필요할까요?

공사나 공단에 취업하기 위해서는 기본적인 스펙이 필요해요. 제가 취업할 시기에는 토익점수와 전 공 관련 자격증이 필수였는데, 지금은 더 많은 스펙이 필요한 것으로 알고 있어요. 회사마다 채용기준 이 다르긴 하지만, 공통으로 요구하는 스펙도 많아요. 원하는 회사의 채용 홈페이지에 들어가서 필요 한 스펙이 무엇인지 알아보고 준비하는 게 현명하죠.

우리나라 토목공학의 미래에 대해서 어떻게 보시나요?

국가 기반시설이 어느 정도 구축된 선진국인 우리나라는 토목공학 수요가 크다고 볼 수는 없을 거예요. 하지만 유지관리가 필요한 시설이다 보니 그에 따른 기본수요는 유지될 수밖에 없을 겁니다. 만약 통일된다면 토목공학이 제2의 도약기를 맞이하게 되겠죠. 통일은 국가적으로도 되어야만 하고, 민족적으로도 되어야 하고, 토목공학인으로서도 되어야만 하는 중요한 일이라고 생각해요. 자주국방을 지향하고, 독립적인 국가가 되기 위해서 더는 휴전국이 아닌 안전국이 되기를 간절히 바라고 있답니다. 또한, 단기간에 비약적 개발을 이룬 대한민국 도시를 롤모델로 하는 개발도상국들의 벤치마킹과 기술이전 수요도 긍정적인 전망이죠. 인니 수도이전이나 베트남 등 동남아시아권에도 사업을 추진하고 있고요.

예비
토목공학기술자
아카데미

토목공학기술자 관련 학과

토목공학과

학과개요

도로, 항만, 공항, 터널, 철도, 댐, 상하수도 시설 등 사회 기반이 되는 구조물을 만들기 위한 토목 계획과 설계, 토목 측량과 구조 해석, 토목 시공, 토목 시설물의 유지 관리와 운용 방법 등을 배우는 학문입니다. 토목공학과는 자연환경을 보존하면서 사람들이 편리하고 쾌적하게 살 수 있는 공간과 기반을 만들 수 있는 인재를 양성하는 것을 목표로 합니다.

학과특성

토목공학과는 도로, 터널, 철도 등과 같은 사회기반시설을 만들고, 새로운 땅의 간척과 매립, 지하 공간, 인공 섬 등을 이용한 공간을 만드는 방법에 관해서도 공부합니다. 자연재해로부터 사람들을 보호하기 위한 재해 방지 시스템을 개발하기도 하며, 최근에는 자율주행차 스마트도로를 만들기 위해 5G 인터넷, 차량·사물통신, 실시간 데이터 처리, 위치기반 서비스 등 4차산업 관련 기술이 활용되고 있습니다.

개설대학

지역	대학명	학과명
서울특별시	건국대학교(서울캠퍼스)	토목공학과
	건국대학교(서울캠퍼스)	사회환경플랜트공학과
	경희대학교(서울캠퍼스)	토목공학과
	경희대학교(서울캠퍼스)	건설·환경공학부
	경희대학교(서울캠퍼스)	토목건축공학부
	고려대학교	토목환경공학과
	동국대학교(서울캠퍼스)	토목환경공학전공
	동국대학교(서울캠퍼스)	토목환경공학과
	서경대학교	토목건축공학과
	서경대학교	토목공학과
	서울과학기술대학교	토목산업공학과
	서울시립대학교	토목공학과
	성균관대학교	토목환경공학과
	세종대학교	토목환경공학전공
	세종대학교	토목환경지구정보공학부
	연세대학교(신촌캠퍼스)	토목환경공학전공

지역	대학명	학과명
서울특별시	중앙대학교 (서울캠퍼스)	사회기반시스템공학부 (건설환경플랜트공학전공)
	홍익대학교(서울캠퍼스)	건설·도시공학부 토목공학전공
	홍익대학교(서울캠퍼스)	토목공학과
부산광역시	경성대학교	토목공학전공
	경성대학교	토목공학과
	동서대학교	토목환경공학과
	동서대학교	토목공학전공
	동아대학교(승학캠퍼스)	토목공학과
	동아대학교(승학캠퍼스)	인간환경융합공학부 토목공학과
	동의대학교	토목공학전공
	동의대학교	토목도시공학부
	동의대학교	토목공학과
	부경대학교	토목공학과
	부산대학교	건설융합학부 토목공학전공
	부산대학교	사회환경시스템공학부 토목공학전공
	부산대학교	토목공학과
인천광역시	가천대학교(메디컬캠퍼스)	토목환경공학과
대전광역시	대전대학교	토목공학과
	배재대학교	건설환경 · 철도공학과
	우송대학교(본교)	철도건설시스템학부
	충남대학교	지역환경토목학과
	충남대학교	지역환경토목전공
	충남대학교	토목·환경공학부
	충남대학교	토목공학과
	한남대학교	토목·환경공학전공
	한남대학교	토목·건축공학부
	한남대학교	토목환경공공학전공
	한밭대학교	토목환경도시공학부
	한밭대학교	토목공학전공
	한밭대학교	토목공학과
대구광역시	경북대학교	농업토목.생물산업공학부 농업토목공학전공
	경북대학교	건축·토목공학부 토목공학전공
	경북대학교	토목공학과
	경북대학교	농업토목공학과
	경북대학교	건축토목공학부 (건축공학전공,토목공학전공)
	계명대학교	토목공학전공
광주광역시	광주대학교	토목공학과
	송원대학교	토목공학과
	송원대학교	철도건설한경시스템학과
	전남대학교(광주캠퍼스)	토목공학과
	조선대학교	토목공학과
	호남대학교	토목환경공학과
경기도	경기대학교	토목공학과
	경기대학교	토목공학전공
	경동대학교(메트로폴캠퍼스)	토목공학과
	단국대학교(죽전캠퍼스)	토목환경공학과

지역	대학명	학과명
경기도	대진대학교	스마트건축토목공학부
	명지대학교(자연캠퍼스)	토목교통공학부
	명지대학교(자연캠퍼스)	토목환경공학과
	수원대학교	토목공학과
	중앙대학교 안성캠퍼스(안성캠퍼스)	토목공학과
	한경대학교	토목공학전공
	한경대학교	토목안전환경공학과
강원도	가톨릭관동대학교	토목공학전공
	가톨릭관동대학교	토목공학과
	강릉원주대학교	토목공학과
	강원대학교	토목지구시스템신소재산업화학공학과군
	강원대학교(삼척캠퍼스)	토목공학과
	강원대학교	토목신소재산업화학공학과군
	강원대학교	농업토목공학전공
	강원대학교(삼척캠퍼스)	토목공학전공
	강원대학교(삼척캠퍼스)	건설융합학부 토목공학전공
	강원대학교	토목공학과
	강원대학교(삼척캠퍼스)	토목환경공학부
	강원대학교	지역건설·생물산업공학부
	강원대학교	토목공학전공
	경동대학교	토목공학과
	한라대학교	토목공학과
충청북도	세명대학교	토목공학과
	유원대학교	토목환경공학과
	청주대학교	토목환경공학전공
	청주대학교	토목공학과
	충북대학교	토목공학전공
	충북대학교	토목공학부
	충북대학교	토목시스템공학전공
	한국교통대학교	철도인프라시스템공학전공
	한국교통대학교	토목공학전공
충청남도	건양대학교	해외건설플랜트학과
	공주대학교	사회환경공학과
	공주대학교	토목환경공학전공
	단국대학교(천안캠퍼스)	토목환경공학과
	선문대학교	토목공학과
	선문대학교	토목방재공학과
	중부대학교	토목공학전공
	중부대학교	토목공학과
	중부대학교	토목건설학과
	청운대학교	토목환경공학과
	청운대학교	철도행정토목학과
	한서대학교	공항토목전공
	한서대학교	토목공학과
	호서대학교	토목공학전공
	호서대학교	토목공학과
전라북도	군산대학교	토목공학과
	우석대학교	토목환경공학과
	원광대학교	토목환경·도시공학부

지역	대학명	학과명
전라북도	원광대학교	토목환경공학과
	전북대학교	생물자원시스템공학부(지역건설공학전공)
	전북대학교	토목환경공학부
	전북대학교	토목/환경/자원.에너지공학부
	전북대학교	토목공학과
	전북대학교	생물자원시스템공학부 (지역기반건설공학전공)
	전북대학교	토목/환경/자원·에너지공학부 (토목공학전공)
	전주대학교	토목환경공학과
전라남도	동신대학교	토목공학과
	동신대학교	토목환경공학과
	목포대학교	건축토목공학과 토목공학트랙
	목포대학교	토목공학과
	순천대학교	토목공학과
	전남대학교(여수캠퍼스)	건설·환경공학부
경상북도	경일대학교	토목공학과
	경주대학교	철도건설환경공학과
	경주대학교	건축·토목학과
	금오공과대학교	토목공학과
	금오공과대학교	토목환경공학부
	금오공과대학교	토목공학전공
	대구한의대학교(삼성캠퍼스)	토목디자인전공
	동양대학교	철도건설안전공학과
	동양대학교	철도토목학과
	안동대학교	토목공학과
경상남도	경남과학기술대학교	토목공학과
	경남대학교	토목공학과
	경남대학교	토목안전공학과
	경상국립대학교	토목공학과
	경상국립대학교	토목환경공학부
	경상국립대학교	건축도시토목공학부(토목공학전공)
	인제대학교	토목공학과
	인제대학교	토목도시공학부
	창신대학교	토목공학과
	창원대학교	토목공학과
	창원대학교	토목환경화공융합공학부
제주특별자치도	제주국제대학교	토목공학과
	제주대학교	토목환경공학전공
	제주대학교	토목공학과

토목과

학과개요

우리 주변에 빌딩이나 아파트와 같은 건축물들과 함께 꼭 필요한 구조물들은 무엇이 있을까요? 도로, 철도, 댐, 터널 등을 예로 들 수 있을 텐데요, 이러한 구조물들이 없으면 불편한 생활은 물론 자연재해로부터 안전하지 않을 수 있습니다. 토목과는 국토의 자연조건을 이용하여 이를 개발하고 보전하며, 인류의 복지 향상을 위한 댐, 발전소(수력, 화력, 원자력), 교량, 도로, 항만, 철도(일반철도, 고속철도, 전철), 상하수도, 지하철, 터널, 비행장, 대규모 공업단지, 환경시설 등 모든 건설 구조물을 계획·설계, 시공하고, 관리·유지할 수 있도록 기술을 습득하여 전문 인력을 배양합니다.

학과특성

토목과는 도로, 철도, 항만 등의 국가 기반시설을 건설하는 사회간접자본 부분과 아파트 조성, 신도시 개발 등에 따른 기반 시설 조정 부분이 큰 비중을 차지하기 때문에 타 분야에 비해 경기에 영향을 덜 받게 됩니다. 현재 철도, 항만 등 국가기반시설이 어느 정도 갖추어진 상태이며 농어촌 일부 지역을 제외하면 포장도로 역시 조성·정비되어 있으므로 대규모 토목공사 사업은 크게 증가하기 어려울 것입니다. 그러나 대규모 해외 건설 사업이 지속해서 유지될 경우, 해외에서 토목공학기술자의 일자리가 증가할 것으로 보아 학과의 전망은 당분간 지속될 것으로 보입니다.

개설대학

지역	대학명	학과명
서울특별시	명지전문대학	토목과
	서일대학교	토목공학과(3년제)
	서일대학교	토목과
	인덕대학교	토목환경설계공학과
	인덕대학교	토목환경설계과
부산광역시	경남정보대학교	토목조경계열
	경남정보대학교	토목조경디자인계열
	동의과학대학교	토목과
	부산과학기술대학교	토목과
	부산과학기술대학교	토목설계과
인천광역시	인하공업전문대학	토목환경과
대구광역시	대구공업대학교	토목조경계열
	대구공업대학교	토목조경과
	영남이공대학교	토목과
광주광역시	서영대학교	건설토목과
	서영대학교	건설토목공학과
	조선이공대학교	토목건설과

지역	대학명	학과명
경기도	경복대학교	드론건설환경과
	대림대학교	토목환경과
	대림대학교	토목환경과(2년제)
	부천대학교	토목과
	수원과학대학교	토목안전과
	수원과학대학교	토목과
	신구대학교	토목과
	신안산대학교	스마트토목디자인과
	여주대학교	토목과
	여주대학교	토목방재과
	연성대학교	토목환경과
	연성대학교	토목환경학과
강원도	강릉영동대학교	토목건설전공
	강릉영동대학교	토목건설과
	강원도립대학교	재난안전토목과
	강원도립대학교	건설토목과
	강원도립대학교	건설지적토목과
	한림성심대학교	토목과
충청북도	충청대학교	토목과
충청남도	충남도립대학교	건설안전방재학과
전라북도	전주비전대학교	지적토목학과
	전주비전대학교	토목환경과
전라남도	고구려대학교	토목조경과
	고구려대학교	건축토목과
	고구려대학교	토목조경학부
	동아보건대학교	토목과(인문)
	동아보건대학교	토목과
	목포과학대학교	토목조경전공
	목포과학대학교	토목조경과
	목포과학대학교	토목과
	순천제일대학교	토목과
	순천제일대학교	토목조경과
	전남도립대학교	토목환경과
경상남도	경남도립거창대학	드론토목계열
	창원문성대학교	토목조경과

토목공학 관련 학문

◆ 구조공학

각종 건설 구조물에 가해지는 힘(과재 하중, 재료의 무게, 바람, 수압, 지진 등)에 대한 역학적 특성 및 거동을 연구한다.

- 정역학 (Engineering Mechanics 1 : Statics)
- 동역학 및 구조동역학(진동학) (Structural Dynamics(Vibration))
- 재료역학 (Mechanics of Materials)
- 구조공학 (Structural Engineering)
- 콘크리트공학 (철근,프리스트레스트) (Reinforced Concrete Engineering, Prestressed Concrete Engineering)
- 강구조공학 (Steel Structure Engineering)
- 교량공학 (Bridge Engineering)
- 지진(내진)공학 (Earthquake Engineering)

◆ 지반공학

토목공학의 주재료인 흙 및 암석의 공학적 특성과 구조물간 역학적 거동을 살피고, 토류 구조물의 설치 및 설계에 관해 연구한다.

건물을 지을 때, 건물 밑의 지반이 건물의 무게를 지탱할 수 있어야 건축물이 무너지지 않는다. 건축물 공사에 앞서 지반의 성질을 파악한 뒤, 필요하다면 별도의 공법을 사용하여 지반 보강을 해준다. 여기에 토목 엔지니어의 토질역학, 기초공학 지식과 경험이 사용된다. 적절히 처리되지 않은 지반 위에 구조물을 올리면, 때에 따라 땅이 가라앉거나 횡 방향으로 움직여버린다. 안정하지 못한 지반 위에 설치된 구조물은 아무리 튼튼하게 짓더라도 사용할 수 없다.

평소에 주변에서 쉽게 볼 수 있는 또 다른 토목공학의 성과품은 많은 수의 옹벽과 도시의 땅 그 자체이다. 도시는 항상 평지에 있지 않으며, 어떤 곳은 언덕 위에 있고 어떤 곳은 경사져 있다. 어떤 곳은 수직 벽으로 되어 있는 곳도 있다. 수직 벽 위에 건물을 지었는데, 이 벽이 무너져버린다고 생각해보자. 그럼 벽 아래쪽에 사는 사람들이 경제적으로건 물리적으로건 큰 피해를 보게 될 것이다. 이런 일이 일어나지 않도록 토목 엔지니어들은 지반공학을 공부하게 된다. 토압은 지반을 이루고 있는 흙의 성질, 지하수의 상태 등에 따라 변동하며, 이러한 토압을 견디기 위하여 토목 엔지니어는 옹벽을 설치하거나 적절한 경사로 절토한 뒤 사면안정공법을 적용한다. 토질역학 지식에 의해 많은 수의 건물들, 교량, 도로 등이 오랜 시간이 지나고 날씨 조건이 변하더라도 처음 시공된 상태에서 크게 변하지 않고 제 위치에 있는 것이다.

기복이 있는 지형에 단지를 조성할 때 옹벽의 높이는 얼마로 할 것인지, 구조 형식은 어떻게 할 것인지, 옹벽 말고 다른 대안은 없는지, 어떻게 해야 안전하게 토압을 받으면서 활용할 수 있는 공간을 넓게 할 수 있을지에 대해 고민하는 것이 토목 엔지니어의 일이다. 지반조사는 공사하려고 하는 구역 내의 지질에 대해 알 수 있게 해주나, 비용과 시간의 문제 때문에 제한적일 수 있는 한계가 있다. 그런데도 지반공학은 '현장 상황'이 아주 중요하기 때문에 지반조사를 반드시 적절한 기준과 비용에 맞게 실시한 뒤에 설계 또는 공사를 진행해야 한다. 지반공학은 단지 조성 외에도 다수의 건축물, 토목구조물 설계, 시공, 관리에 필요하다. 공중에 떠 있는 구조물이 아니라면, 물속에 있든 지상에 있든, 언제나 지반공학은 필요하게 된다.

- 지질학
- 토질역학
- 기초공학
- 지반공학
- 암반공학
- 터널공학

◆ 수공학

유체(여기서 유체의 의미는 토목유체(대부분 수력학)을 의미한다.) 및 에너지 자원을 이용한 각종 기간 시설물인 댐, 해양, 항만, 하천, 플랜트 및 수자원 시스템 공학을 다루는 학문이다.

- 유체역학 (Fluid Mechanics)
- 수리학 (Hydraulics)
- 수문학 (Hydrology)
- 수자원공학 (Water Resources Engineering)
- 하천공학 (River Engineering)
- 해안 및 항만공학 (Coastal & Harbor Engineering)

◆ 환경공학

상하수도 수질, 대기, 폐기물 등의 합리적인 관리를 통해 쾌적하고 건강한 생활공간을 유지 • 보전케 하는 환경 관련 분야를 다루는 분야이다. 예컨대 수도꼭지를 틀었을 때 정수된 물이 알맞은 수압으로 나오는 것은 토목공학과 환경공학의 합작품이다. 어떤 사람이 사는 곳이 강이나 댐 주변이 아닌데도 멀리서 수도공급이 가능하게 된 것은 토목 엔지니어들에 의해 계획되고 건설된 복잡한 계통의 상수도관, 펌프, 취수원(하천, 저수지, 지하수 등), 정수 시설들이 있기 때문이다. 대개 수돗물을 만들기 위한 물(原水)을 취득하는 곳은 수돗물이 있어야 하는 도시나 마을보다 높은 위치에 있는 저수지나 하천이다. 원수를 얻는 장소를 '수원'이라 하며, 대개의 국가는 상수원 보호구역으로 이러한 곳을 지정하여 이 구역 내에서의 특정 행동들을 일부 제한하고 있다.

대규모 택지를 계획할 때 택지 내의 주택 또는 상가들에 대해 적정한 수압으로 물을 공급할 수 있도록 토목 설계자들은 관망해석 프로그램들을 이용하여 수리 계산을 한다. 특히 대한민국에서는 단독주택보다 고층 아파트들이 많기에 택지 설계 단계에서 적정 수압으로 물을 공급할 수 있도록 하는 것은 매우 중요하다. 수압을 계산하고, 파이프 내에 흐르는 물의 양(유량) 등을 알아낸 뒤, 어떤 종류의 관을 어느 곳에 매설할 것인지 설계하는 데에는 수리학적 지식이 요구된다. 또한 이미 개발된 인접 도시의 상수도에서 물을 끌어오는 경우 관련 기관과 협의하고 여러 가지 설계기준과 법령을 검토하는 것이 요구된다. 상수관은 한번 매설하면 나중에 교체하기 번거롭고 비용도 들기 때문에 초기의 설계와 시공이 중요하다. 신도시 입주가 시작되었을 때 입주자들이 수도에 대한 불편 사항이 없도록 하는 것은 토목 엔지니어들의 중요한 목표 중 하나이다. 사용된 물을 잘 모아서 하수처리장으로 보낸 뒤에 수처리 하여 방류하는 것도 중요하다. 여기에도 역시 수리학적 지식이 사용된다. 상수와 다르게 하수에는 오물이 포함되어 있기에 상수도와 다른 방식의 이송, 처리 과정이 적용되게 된다. 하수는 단순히 인간이 사용하고 버리는 물인 오수만이 있지 않고, 빗물과 지하수도 포함된다. 강우량은 통계적인 방법으로 추정하여 하수 시설의 규모를 결정하는 데 사용된다. 잘못 산정된 홍수량은 하수관로 또는 하수 처리 시설의 과부하를 불러오고, 우기에 도시 침수의 원인이 되어 다수의 이재민을 발생시키며 경제적인 손실을 준다. 또는 과다하게 설계된 하수 시설은 다른 곳에 투입될 수도 있는 예산을 불필요하게 낭비하게 되므로 적정한 크기의 수리 시설을 갖추는 것은 토목공학(수공학, 상하수도 공학) 분야의 중요 과제라 할 수 있다.

- 환경공학
- 위생공학
- 상수도공학
- 폐수처리공학

◆ 교통공학

사람과 화물을 합리적으로 수송할 수 있도록 하는 교통시설의 계획, 설계, 운용 및 관리를 다룬다.

- 도로공학
- 철도공학
- 교통공학
- 공항공학

◆ 측량 및 지형정보공학

지형의 측량, 노선 설계를 비롯하여 지구, 우주공간에 존재하는 사물들의 정보 등을 탐측, 해석 및 연구하는 학문이다.

- 측량학
- 지형정보공학

토목공학의 역사

■ 근대 이전

　토목공학의 역사는 인류의 역사와 함께 시작되었다. 인류는 생명의 위협으로부터 안전한 삶의 터전을 얻기 위해 토목 기술을 터득하였다. 문명의 발상과 더불어 운하와 육지의 길을 만들고, 마실 물을 얻으며 농사에 필요한 물을 확보하였다. 또한 지배자의 기념사업과 적의 침략을 방지하는 방편의 마련에도 토목 기술은 응용되었다. 현존하는 최고의 시설물로 기원전 27세기경 이집트의 피라미드나 기원전 2세기경 중국의 만리장성, 로마의 도로와 도수관 등은 토목 기술의 발전 정도와 필요성을 보여주는 좋은 예이다. 토목공학은 유사 이래로 인류의 삶을 질적으로 향상하는 데 큰 역할을 해 오고 있으며, 공학의 뿌리로서 건축, 기계, 전기 등 각종 공학 분야들이 진보됨에 따라 전문화하여 분리, 독립하였다.

■ 근대

　근대의 토목공학은 유럽에서 발달하였으며 특히 프랑스에서 군대의 축성술이 민간에게로 전수되면서 그 기틀이 잡히었다. 프랑스 루이 14세 때 기술자의 조직으로 공병대가 창설되었는데, 이것이 근대에 있어 조직화한 최초의 토목기술자 집단이다. 프랑스의 공병 사관들은 수학을 기초로 하는 과학적인 기술교육을 받았으며, 이들은 군대 공사뿐만 아니라 국민을 위한 공공사업에도 참여함으로써 민간 부분으로 전파되게 되었다. 1743년, 프랑스의 국립토목공학학교(L'ecole des Ponts et Chaussées)가 파리에 세워졌다.

영국에서는 1760년 무렵 존 스미튼(John Smeaton)에 의해 군사 공학(military engineering)과 구분되는 개념으로서 1771년에 토목기술자협회가 결성되었고, 이때부터 토목기술자를 토목기사(civil engineer)라 부르고, 토목 기술을 토목공학(civil engineering)이라 하게 되었다. 1818년에는 영국토목학회가 헌장을 기안함으로써 서구의 근대 토목공학이 성립되게 되었다.

대한민국에서는 산업화에 따라 학문을 받아들이면서 사용재료가 주로 흙과 돌, 나무 등으로 이루어져 있다는 사실에 착안하여 토목으로 쓴 것으로 보인다. 그러나 현대의 토목재료는 강철, 신소재에 이르기까지 대단히 다양해졌으므로, 원래의 취지에 맞는 시민 공학 또는 사회 기반 공학 등으로 명칭을 변경해야 한다는 의견도 있다. 또, 학문적으로 거의 같음에도 불구하고, 건물을 대상으로 하는 건축공학은 일본의 경우와 같이 토목공학과 구분하여 다루고 있다. 대한민국의 토목공학과는 1939년 한양대학교의 전신인 동아공과학원에서 최초로 개설되었다.

■ 우리나라 토목의 역사

우리나라에서는 3세기에 벼농사를 시작한 이후, 관개 수리 시설을 위한 농업토목 기술이 발달하였는데, 이것은 모든 나라의 토목 기술이 농경과 관계가 있는 것과 궤를 같이한다. 물론 이 밖에도 인마내왕을 위한 도로 및 조가기술(造家技術) 등의 발전이 있었던 것도 사실이다. 토목 기술은 원래 농사와 종교적인 건축물의 건립을 위하여 발전되기 시작하였다. 이것이 문화의 발전에 따라 정치·경제·군사 등 여러 부문에 걸쳐 국토개발이라는 실용적인 면과 민족적 상징이 될만한 대규모 역사(役事)의 단행으로 계승되었다. 이러한 실용적·상징적 필요성에 의하여 발전된 토목 기술과 그로 인하여 나타난 각종 역사의 결과물 등은 오늘날 농림·수산업이나 광공업은 물론 교통·운수·정보서비스 등 인간의 생산활동 및 생활의 전반에 걸친 기반 구축을 위하여 활용되고 있으며, 나아가 국토경영의 기초시설로서 큰 구실을 담당하고 있다. 이러한 토목 기술은 한 나라의 민족 문화사적 측면에서 관찰되고 기술될 성질의 것으로, 우리는 이를 대규모 역사를 기록한 많은 공사지(工事誌)를 통하여 알 수 있다. 우리나라의 토목문화는 인접한 중국의 영향을 많이 받았다. 그러나 이와 같은 이민족 문화를 접촉하는 과정에서 이를 단순히 섭취, 모방하는 데 그치지 않고, 채장보단(採長補短)·환골탈태(換骨脫胎)하여 독특한 기술 영역을 개척하고 진보와 고양을 이룩하였을 뿐 아니라 이를 일본에까지 전파했다. 그러나 구한말에 이르러 일제의 강압하에서 서구의 근대화된 토목 기술을 타율적이고 파행적으로 도입한 바도 있었다. 문화사적 측면에서 우리 민족은 수많은 외세의 침입과 자연의 도전을 극복하면서 하나의 일관된 태도를 견지했다. 토목 기술을 문화의 한 부문으로 볼 때 우리의 토목 기술도 하나의 일관된 흐름이 있는 것을 알 수 있으나, 각 시대의 유적들을 관찰할 때, 예컨대 고분·성곽·저수지·제언·방수제 등 토목구조물의 기념비적 사업들은 시대에 따라 어느 정도 다른 것이 있음을 볼 수 있다. 이를 고려하여 시대사조를 통하여 각 시대 토목 기술상의 특성을 이해할 수 있도록 시대구분을 한다. 물론 시대구분에 있어서 선사 및 삼국시대는 연대가 명확하지 않은 점이 있다. 고려시대·조선시대·일제강점기·광복 이후에 있어서 세계적으로 뚜렷한 상징적인 토목기술상의 사건은 없다 하더라도, 각 시대의 연대가 명확하고 시대마다 정치·경제·사회·문화적 측면이 격변하여 토목 기술도 역시 이에 맞추어 변화하였다는 의미에서 이 시대구분을 하였다. 시대사조의 변화가 토목 기술의 내용과 진보에 영향을 주고, 또 토목사업의 진보 그 자체가 시대사조에 영향을 주는 관계를 염두에 두고 있으면 토목기술의 변화과정을 이해하는 데 도움이 될 것이다.

출처: 위키백과/ 한국민족문화대백과사전

우리나라 토목공학의 발전사

　우리나라 토목공학에 대한 교육은 1916년 설립된 경성공업전문학교에 토목학과를 설치함으로써 시작되었다. 물론, 그 이전 신라·고려 시대의 토목공사에 대한 기록이 있으며, 특히 조선 시대의 활발하였던 수리 및 기타 토목공사를 본다면 상당한 역사를 지니고 있으나 이를 체계적으로 전수하지는 못하였다. 그러나 일제하에서의 교육은 극히 제한된 범위였으므로, 광복될 때까지 30여 년 동안에 총 61명을 배출하였을 뿐이다. 광복 후에 경성제국대학의 토목공학과와 경성공업전문학교의 토목공학과가 모체가 되어 서울대학교 공과대학 토목공학과가 처음 설치되었다.

　1946년 8월 국립서울대학교로 정식 개편, 출범하여 토목공학의 교육과 연구가 본격적으로 실시되었으며, 1950년 이전에는 서울의 한양공과대학(현 한양대학교)과 대구 청구대학(현 영남대학교)에 토목공학과가 설치되었다. 1999년 현재 전국의 종합대학에 설치되어 있는 토목 관련 학과의 수는 219개이며, 2년제 대학에 설치되어 있는 학과의 수는 56개에 이른다. 토목공학의 발전은 광복 이후 40여 년 동안 우여곡절을 겪은 뒤 이제 정착, 발전단계에 이르렀다. 1945년 광복 이후 우리나라 토목공학은 연구인원 및 시설 부족과 분위기의 결여 등으로 연구가 시행되지 못하였으며, 1950년 한국전쟁으로 인하여 연구는 물론 교육조차 어려운 형편이었다. 이러한 와중에서 1951년 12월 대한토목학회가 창립되었고, 1953년에는 『대한토목학회지』 제1권 1호가 발간되어 학자들의 학문에 대한 불굴의 의욕을 과시하였다.

당시 학회지는 부산 피란 시절에 출간된 것으로 내용이나 체재 면에서 현재와는 비교할 수도 없으나, 창간호에 발표된 원태상(元泰常)의 「극대홍수량 공식에 관한 연구」는 당시의 관계학자들에게 비상한 관심을 불러일으켰다. 이 논문에 대한 논평과 이에 대한 답변 식의 논문들이 계속 발표됨으로써 초창기의 대한토목학회는 많은 학문적 발전을 이룩할 수 있었다.

광복 이후 1950년대 중반까지 10년 동안의 학문발전은 외국학문의 소개가 주류를 이루었으며, 주로 구조역학과 수리·수문학이 주종을 이루었다. 그러나 다음 10년간(1956~1965)에는 연구에 많은 변화가 일어나기 시작하였다. 특히, 대학 내에서 외국 학문과 접할 수 있는 여건이 주어졌고, 부분적이기는 하지만 실험실습실이 갖춰지면서 연구의 방향은 실험을 겸비한 기초연구와 외국 학문에 대한 직접 도입의 계기가 되었다. 또한, 외국 유학이 시작되어 일부 학자들이 학위취득 후 귀국하여 학문연구에 새로운 기풍을 진작시키기 시작하였다. 이 기간에는 특히 새로운 분야인 토질역학에 대한 학문적 체계가 정립되기 시작하였다. 이 기간 연구 방향은 구조 및 응용역학 분야는 모멘트분배법과 극한강도설계법에 관한 연구, 수리·수문학 분야에서는 극대 공수량 산정에 관한 연구와 실험에 의한 여수로 설계, 도수(跳水)에 관한 연구, 지반공학 분야에서는 연약지반에 대한 압밀시험, sanddrain공법 등에 관한 연구가 주종을 이루었다.

1966년부터 1975년까지의 10년 동안은 사회가 안정되면서 대학도 기틀이 잡히기 시작하였으며, 외국에서 수학한 학자들이 대거 귀국하여 외국 학문을 직접 소개하거나 외국에서 연구한 결과를 발표하기 시작하였다. 이 기간은 학문연구의 성숙기라 볼 수 있고 내용이나 질에 있어서 괄목할 만한 발전을 보였다. 과거의 논문은 주로 구조역학이나 수리학에 국한되던 것이 이 기간에는 수문학·환경공학·교통공학·원격탐사 등 새로운 분야에 관한 연구가 진행되어 산업사회 발전으로 인하여 생긴 교통·공해 등의 문제를 해결하는 데 참여하였다. 연구의 내용 면에서도 외국의 학문을 수용할 수 있도록 많은 발전을 이루었다. 매트릭스 구조 해석법이 이때 도입되어 구조해석에 신기원을 이루었으며, 물리적 현상 구명을 위한 새로운 수문학 분야 연구, 전자계산기 사용에 의한 해석, 본격적인 수리모형 실험, 토질과 콘크리트의 실험적 연구 등이 이루어졌으며, 외국학회 논문발표회에의 적극적인 참여 등이 이 기간에 특별히 이루어진 활동이다.

1976년부터는 학문의 도약기라 할 수 있다. 대학은 양적으로 매우 팽창하였으며 거의 모든 종합대학과 단과대학 내에 토목공학과가 설치되었으며, 한국과학기술원에 토목공학과가 설치되면서 처음으로 대학원만의 토목공학과가 탄생하였다. 이와 같은 수적인 팽창에서부터 문교부의 대학원 육성방안에 힘입어 각 대학의 연구 종사 인원이 급격히 증가하였다. 또한, 정부에서는 각종 차관자금에 의하여 대학 실험시설의 확충에 주력하였으며, 특히 IBRD 자금에 의한 교수 해외연구 기회의 부여는 학문풍토를 크게 쇄신하는 계기가 되었다. 이 기간은 전자계산기의 응용이 크게 두각을 나타내었으며, 구조역학 분야에서 재료의 좌굴, 강구조(鋼構造) 및 콘크리트의 배선형성, 콘크리트 구조물의 시간의존성 변형 등과 같이 각 분야에서 심도 있는 연구가 수행되었다. 수리학 분야에서도 지역적 특성에 따른 한국 해안의 연구가 시작되었고, 수문학 분야는 고급통계학의 응용으로 한국 강우—유출 자료의 통계적 특성을 찾는 spectral density 및 cross spectrum 분석이 행해지기도 하였다. 수자원 시스템공학이 처음으로 도입되어 수자원개발 및 운영에 시스템 방법이 사용되기도 하였다. 환경공학·교통공학·상하수도공학 분야에서도 괄목할 만한 발전이 이루어졌다. 각종 환경의 기준설정, 미생물에 의한 오염물질 분해, 고형 폐기물에 수반되는 현실적인 문제를 해결하면서 기초적 연구도 병행되었다. 교통공학 분야는 새로운 TSM(Transportation System Management)기법을 도입하여 대도시의 교통수단 분석, 최적 가로망의 구성 등의 현실 문제를 해결하려 하였다. 또한, 원격탐사에 의한 국토이용 분석, 오염도의 변화, 수자원의 적절 이용 등이 진행되었다. 위와 같은 학문 활동은 주로 해당 학회를 통하여 이루어졌다.

1951년 12월에 발족한 대한토목학회는 1952년 5월에 학회지의 첫 호를 발간하여 매년 꾸준히 발전하여 현재 회지는 연 6회, 논문집은 연 4회 발간하는 큰 발전을 보았으며, 연 1회 학술발표회에서는 600여 편의 논문이 발표되고 있다. 또한, 분야별 학술 활동을 지원하기 위한 학회도 설립되어 한국수자원학회를 비롯하여 환경공학회·측지학회·지반공학회·교통공학회·한국댐학회·상하수도공학회 등 많은 학회가 있다. 토목공학은 시대의 요구에 부응하는 모든 분야를 포용하고 있기에 실로 다양한 분야를 포함하고 실질적으로 인류 생활을 편리하게 할 수 있는 것을 연구, 개발하고 있다. 기본적인 공학 기초연구를 비롯하여 자연개조와 보전에 따른 각종 구조물의 구축, 하천 및 수자원개발, 환경보선, 대중교통수단의 개발 등 다방면에 걸친 공학으로서, 앞으로 사회가 발전됨으로써 요구되는 각종 사항이 이 토목공학 내로 수용될 것이다.

출처: 한국민족문화대백과사전

세계적인 토목 시설물

멕시코 Puente Baluarte 현수교

교량의 총 길이는 1,124m(3,688피트)이며 중
앙 사장교 경간은 520m(1,710피트)이다. 아래
계곡 위의 403m(1,322피트)에 도로 데크가 있
는 Baluarte 다리는 세계에서 세 번째로 높은 사
장교이며, 전체에서 일곱 번째로 높은 다리이
자 미주에서 가장 높은 다리이다. 다리 건설은
2008년에 시작되어 2012년 1월에 개통되어

2013년 말에 개통되었다. 다리는 멕시코 북부의 대서양과 태평양 연안을 연결하는 새로운 고속도로
일부를 형성하고 Durango 사이의 이동시간을 단축했다.

파나마 운하 확장공사

총공사비 53억 달러(6조2천500억 원)가 투
입된 새 운하 공사는 2007년 9월 시작돼 우여
곡절 끝에 9년 만에 완공됐다. 운하 확장공사에
따라 수용 가능한 선박이 늘어나고, 그동안 이용
할 수 없었던 액화천연가스(LNG) 운반선 등도
통과할 수 있게 된다. 기존 파나마 운하를 통과
하는 파나막스(Panamax)급 선박의 폭과 길이는

각각 최대 32m와 295m지만, 새 운하는 폭 49m, 길이 366m의 포스트파나막스(Post-Panamax)급
선박을 수용할 수 있다.

스위스 Gotthard Base 터널

스위스 우리 주의 에르스트펠트(Erstfeld)
와 티치노주의 보디오(Bodio)를 잇는 총연장
57.09km의 철도 터널. 2016년 12월에 개통되어
지하철 터널과 물자 수송용 터널을 제외한 교통
목적 터널 중 최장 터널이라는 기록을 가지게 되
었다. 고트하르트 베이스 터널이 만들어지면서
허용 중량이 4,000t까지 확대되었고 최대 주행

속도도 화물열차는 시속 100km 안팎, 여객열차는 시속 200km까지 낼 수 있게 되었다.

프랑스 Millau bridge

프랑스 남부의 산악도시 밀라우를 가로지르는 세계 최고 높이의 다리. 교각의 높이가 무려 343m
에 달하며 전체 길이가 2.5km인 이 다리의 공사에 4억 유로의 공사비가 투입되었다. 이 다리의 개통
으로 기존 우회로를 이용할 때 휴가철이면 최고 4시간 이상 걸리던 주행시간이 대폭 단축되었다.

한국 율현터널

서울특별시 강남구 수서평택 고속선에 있는 길이 50km의 터널이다. 고속철도 수서역과 평택 지제역을 연결하며 수서평택고속선의 82%를 차지하는 터널이다. 현재 대한민국에서 가장 긴 터널로 터널 구간 내 동탄역이 위치하며 절연구간 3곳이 있다.

스위스의 고트하르트 베이스 터널(57km), 일본의 세이칸 터널(53.9km), 영국과 프랑스를 잇는 채널 터널(50.5km)에 이어 세계에서 4번째로 길다.

중국 항조우만 대교

중국의 항저우만을 가로지르는 다리이다. 일부가 사장교로 되어 있다. 2007년 6월 14일 완공되었으며, 상하이와 저장성의 닝보시를 연결한다. 항저우만 대교는 세계에서 가장 긴 바다를 건너는 다리이다. 2003년 6월 8일 이 다리의 건설이 시작되었다. 다리는 2방향에 6차선을 갖추었으며 길이는 35.673km이다.

일본 세이칸 해저터널

일본의 혼슈와 홋카이도 사이의 쓰가루 해협을 관통하여 두 지역을 연결하는 해저터널로, 아오모리현 히가시쓰가루군 이마베쓰정과 홋카이도 가미이소군 시리우치정을 잇는다. 1961년 3월 23일에 공사가 개시되었고, 27년 만인 1988년 3월 13일에 개통되었다. 터널 개통 시는 가이쿄 선(협궤)만이 지났으나, 2016년 3월 26일에 홋카이도 신칸센(표준궤)도 이 터널을 지날 수 있도록 궤도 1선을 추가해 3선 궤도로 개통하였다.

독일 Magdeburg 수교(水橋)

마그데부르크 수교(독일어: Kanalbrüke Magdeburg)는 독일 중부에 있는 큰 항행식 수로로서 마그데부르크 근처에 있다. 유럽에서 가장 큰 운하 언더브릿지로 엘베 강을 가로지르며 서쪽의 미텔랑카날과 동쪽의 엘베-하벨 운하를 직접 연결해 대형 상업선들이 라인랜드와 베를린 사이를 내려오다 엘베 자체에서 올라올 필요 없이 통과할 수 있다.

토목과 건축

토목과 건축의 차이는 무엇일까요? 영어로 토목은 Civil Engineering, 건축은 Architecture입니다. 건축은 조금 알 듯한데, 토목에는 왜 'Civil(시민의)'이란 단어가 붙을까요? 이 말의 기원에서 그 의미를 찾아봅니다.

로마 시민권을 획득하는 방법들은 여러 가지가 있었는데 그중 하나가 군대에서 복무하는 것이었습니다. 로마군대는 새로운 정복지마다 도로를 만들고 도시에는 목욕탕과 극장, 공회당, 콜로세움들을 세웠는데, 이 일의 전문가를 '엔지니어(Ingeniare → Engineer)'라고 하였고, 그중 최고의 기술은 아치(Arch)를 만드는 것이었습니다. 그런 기술을 가진 사람은 '아키텍처(Architectus → Architecture)'라고 불렀습니다.

로마가 멸망하고 서양의 중세에는 신학을 제외한 모든 학문과 기술이 배척당했습니다. 하지만 르네상스가 찾아왔을 때 도시에는 군대가 아닌 시민들을 위한 시설을 만들 기술이 필요하게 되었고, 사람들은 고대의 로마군대에서 사용하던 각종 기술을 다시 찾기 시작하였습니다. 이때 군대의 기술(Military Engineering)과 구분하는 용어로 '민간기술(Civil Engineering)'이라고 불렀고, 아치는 변함없이 최고의 기술이었습니다.

1800년대 중반, 일본이 유럽 문물을 받아들이면서 역사적 사실이 다른 이 개념은 동양적 사고의 한계에 부딪히게 되었습니다. 일본 학계에서는 '시빌 엔지니어링(Civil Engineering)'과 '아키텍트(Architect)'를 어떻게 번역해야 하는가를 놓고 오랜 기간 여러 차례의 논쟁과 용어의 개정을 거듭하였습니다.

현재도 우리는 건축물을 올리든 플랜트를 짓든 항상 땅을 파고 기초를 만드는 작업에서 여전히 목재 널판을 재료로 사용합니다. 일본이 이 용어를 번역하던 당시의 건설 재료는 대부분 흙과 나무였습니다. 집과 교량은 나무로 만들었고 도로는 흙을 깎거나 쌓아서 만들었죠. 이에 비해 높은 건물을 짓는 것은 상당한 기술을 필요로 하는 것이었고, 최고의 기술자를 모셔야 했습니다. 그러한 당시 현실을 반영하여 마침내 두 단어는 '토목(土木)'과 '건축(建築)'이라는 단어로 결정되었습니다. 그런데, 토목은 재료에 초점이 되었고, 건축은 '세우고 쌓는다'라는 무미건조한 행위 특성에 초점이 맞추어졌습니다.

영화 '건축학개론'에서 서연이는 '매운탕'이란 말을 꺼냅니다. 그 이름에는 전혀 요리의 특성이 없다고 투덜대죠. 그처럼, 토목과 건축이라는 두 단어에는 기술에 대한 존경이 없다고 볼 수 있습니다. 그저 재료에 대한 명칭과 '쌓고 세운다'라는 행위를 설명하는 것에 불과하죠. 특히 해외에서는 토목과 건축의 구분이 우리와 다릅니다. 이처럼 우리가 토목과 건축으로 부르는 이름에는 업무의 구분도 없고 특성도 없습니다. 그러나, 토목은 도로, 교량, 터널, 단지 등 넓게 펼쳐서 시설들을 연결하는 'Spread Building'입니다. Infrastructure라고 하죠. 이 단어는 또 Infra(하위의)란 단어와 structure(구조물)란 단어와 합성어입니다. 그에 비해 건축은 한 자리에서 쌓아 올리는 'Point Building'입니다.

    건축은 사람이 살아가거나 물건 등을 보관하는 등 직접적인 역할을 하는 아파트 학교 주택 관공서 빌딩 등을 말합니다. 토목은 기반시설이라고 하기도 하며 교량, 터널, 항만, 상하수도, 하수처리장, 궤도와 같은 구조물을 생각하시면 됩니다. 또한 아파트나 건축구조물을 짓기 전에 땅을 단단하게 보강하는 역할도 토목의 역할입니다. 철도를 예를 들면 기차가 다니기 위한 교량, 터널, 토공, 궤도는 토목 구조물이고 정거장의 역사는 건축구조물이라 할 수 있습니다

출처: 부동산정보

토목건설 관련 기관

대한건설협회 (cak.or.kr)

대한건설협회(大韓建設協會, Construction Association of Korea)는 건설업자의 권익옹호, 건설업 관련 제도 개선 등을 목적으로 하는 건설업 단체이다. 대한민국 건설산업기본법 제50조에 따라 설립한 법정 단체이다. 대한건설협회는 1945년 10월 16일 발족한 조선토건협회에 뿌리를 두고 있다. 1948년 대한토건협회로 개칭 후 1959년 대한건설업회로 법정 단체화하였고, 1962년 2월 19일 대한건설협회로 개칭하였다.

대한토목학회 (ksce.or.kr)

1951년 12월 이희준(李熙晙) 등이 중심이 되어 토목공학의 발전과 토목 기술의 향상에 이바지하며, 토목기술자의 지위 향상을 위하여 부산에 설립되었다. 연 1회 학술발표회를 순회 개최하고, 총회나 학술대회가 끝난 뒤 그 지역에서 시공 중인 공사현장 견학회

를 가져 토목이론과 실제 시공의 사례를 평가하고 있다. 현재 24개 상설위원회 중 학술위원회인 13개 분과위원회가 외국의 저명학자나 기술자를 초청하여 학술강연회를 수시로 개최하고, 기술자들의 실무를 위한 세미나·심포지엄 및 연구·교육을 실행하고 있다.

한국건설기술연구원 (kict.re.kr)

한국건설기술연구원(韓國建設技術研究院, Korea Institute of Civil Engineering and Building Technology, KICT)은 구조 · 도로 · 지반 · 수자원 · 건설환경 · 건축 · 화재설비연구, 건설품질 관리 및 인증, 디지털 건설정보 구축 및 보급 등의 활동을 통

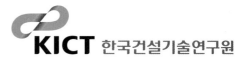

해 건설기술을 종합적으로 개발하는 공공연구기관으로 '과학기술분야 정부출연연구기관 등의 설립·운영 및 육성에 관한 법률'에 따라 설립된 과학기술정보통신부 산하 기타 공공기관이다.

한국건설기술인협회 (kocea.or.kr)

한국건설기술인협회는 건설기술인의 권리향상과 복리증진을 위해 1987년 설립되어 대한민국 건설산업의 성장과 함께해 왔다. 협회는 건설기술인 경력관리, 교육과 일자리 지원, 회원복지 확대 등 활동 영역을 넓히면서 현재 90만 회원과 함께하는 건설 관련 최대 단체로 성장했다.

한국시설안전협회 (assi.or.kr)

1995년 설립된 이래 건설공사의 안전관리와 공용 중인 시설물에 대한 안전진단, 보수·보강 및 유지관리 개발 등을 통하여 국민의 생명과 재산 보호를 위해 부단히 노력하고 있다. 국가 주요시설인 교량, 터널, 항만,

댐, 건축물, 하천, 상하수도, 옹벽, 절토사면 등에 대한 안전진단에 주도적 역할을 해왔다.

한국건설기술교육원 (kicte.or.kr)

건설기술교육원은 기술경쟁력을 갖춘 건설인 육성을 통하여 우리나라 건설산업 발전에 이바지함을 목적으로 1978년 설립되었으며, 40여 년 동안 80만 건설기술인과 함께 하며, 수요자 중심의 교육서비스와 현장실무 위주의 전문화된 교육프로그램으로 우리나라 건설교육을 선도하고 있다.

한국국토정보공사 (lx.or.kr)

한국국토정보공사(韓國國土情報公社, Land and Geospatial Informatix Corporation)는 공간정보체계의 구축 지원, 공간정보와 지적제도에 관한 연구, 기술 개발 및 지적측량 등을 수행하기 위하여 설립된 대한민국 국토교통부 산하 공공기관이다.

한국도로공사 (ex.co.kr)

한국도로공사(韓國道路公社, Korea Expressway Corporation)는 대한민국의 고속도로 설치 및 관리와 이에 관련된 사업을 통해 도로의 정비를 촉진하고 도로교통의 발달을 목적으로 설립된 대한민국의 준시장형 공기업이다.

한국철도공사 (korail.go.kr)

　한국철도공사(韓國鐵道公社, 영어: Korea Railroad Corporation, 약칭 한국철도 또는 철도공사 또는 코레일(영어: KORAIL))는 대한민국의 국유 철도 영업과 관련 사무를 담당하는 국토교통부 산하의 공기업이다.

한국토지주택공사 (lh.or.kr)

　한국토지주택공사(韓國土地住宅公社, Korea Land and Housing Corporation, LH)는 대한민국 국토교통부 산하 준시장형 공기업으로서 토지·주택 및 도시의 개발·정비·관리 등을 담당한다. 예전에 대한주택공사와 한국토지공사를 새로이 한국토지주택공사로 통폐합·정비하였다.

한국건설관리공사 (korcm.co.kr)

　한국건설관리공사(韓國建設管理公社, Korea Construction Management, KCM)는 지난 1993년 책임감리제도의 도입과 함께 건설 부조리 및 부실 공사 근절을 위해 감리 전문 공공기관으로 설립된 4개 감리 공단을 모체로 1999년 정부의 공기업 경영혁신 계획에 따라 통합·재출범한 국토교통부 산하의 기타 공공기관이다.

국가철도공단 (kr.or.kr)

대한민국의 철도를 건설하고 관리하는 정부 대행 기구로, 2004년 1월 1일 설립된 국토교통부 산하 위탁집행형 준정부기관이다. 전신은 '한국고속철도건설공단'으로 고속철도만 관할하는 기관이었으나, 설립과 동시에 철도청 산하 건설본부와 시설본부에서 맡던 업무가 이관되면서 운신의 폭이 넓어져 철도청을 대신하여 전국의 국가철도를 위탁 관리하게 되었다.

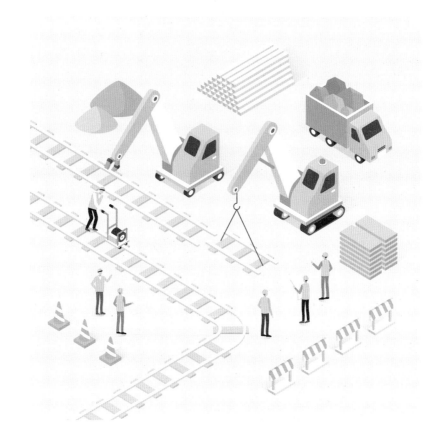

토목구조물 우수작 : 대한토목학회 선정

◆ **2022년 대상(해외부문)**

  ○ 수상작 : 1915 차나칼레 대교

  ○ 시행사 : The General Directorate of Highway (KGM), Turkey

  ○ 시공사 : 디엘이앤씨, SK에코플랜트, Limak, Yapı Merkezi

1915 차나칼레 대교는 터키 북서부에 있는 차나칼레주의 다르다넬스 해협(Dardanelles)을 가로지르는 현수교이다. 서쪽으로 유럽대륙에 속하는 겔리볼루(Gelibolu)와 동쪽으로 아시아대륙에 속하는 랍세키(Lapseki)의 두 도시를 연결한다. 왕복 6차로로 주변 고속도로와 연결되며, 다리의 전체 길이는 4,608m로 약 5년 간의 공사 끝에 2022년 3월에 공식적으로 다리를 개통했다. 공식적인 대교 이름 앞에 '1915'는 제1차 세계 대전 중 영국과 프랑스 해군의 오스만 해전 승리를 기념하기 위한 것이다. 주탑과 주탑 사이의 거리는 2,023m로 세계에서 가장 길고, 주탑의 높이가 318m, 정점까지는 334m로 세계에서 가장 높다. 차나칼레 대교는 국내 건설기업인 DL이앤씨와 SK에코플랜트가 참여하여 우리나라 기술로 건설되었다는 점에서 더욱 의미가 있다.

◆ **2022년 대상(국내부문)**

  ○ 수상작 : 보령해저터널

  ○ 시행사 : 대전지방국토관리청

  ○ 시공사 : 현대건설, 계룡건설, 삼부토건, 범양건영, 도원이엔씨, 삼광산업, 우석건설, 일산종합건설

보령해저터널은 충청남도 보령시 대천항(신흑동)과 오천면 원산도를 잇는 해저터널이다. 77번 국도 일부이며 도로명주소로는 전 구간이 원산대로에 속해있다. 원산안면대교와 함께 보령(대천) ~ 안

면도를 잇는 구간 일부를 이룬다. 2012년 4월 착공하여 2019년 6월 10일 관통했으며, 2021년 12월 1일 오전 10시에 개통하였다. 총길이 6,927m로 국내 최장 해저터널이며, 도로 해저터널로는 세계에서 5번째로 길다. 원산도에서 안면도는 1,750m

보령측 갱구부 야경

의 원산안면대교로 이어진다. 거가대교처럼 교량과 터널 조합을 사용한다.

◆ 2022년 금상

○ 수상작 : 금강보행교
○ 시행사 : 한국토지주택공사
○ 시공사 : 롯데건설, 케이씨씨건설, 소노인터내셔널

금강 북측의 중앙녹지공간과 남측의 3생활권 수변공원을 연결하여 만든 금강보행교는 세종대왕이 한글을 반포한 1446년을 기념하여 둘레를 1,446m로 정하였다. 복층으로 구성되어 상부층은 보행 전용, 하부층은 자전거 전용으로 이용

된다. 세종의 환상형 도시구조를 형상화한 독창적인 디자인으로, 국내에서 가장 긴 보행 전용 교량으로 세종시의 또 다른 랜드마크이다. 한국관광공사가 성장 가능성에 큰 지역 관광지를 지방자치단체와 협력해 새로운 관광명소를 육성하는 '2022년 강소형 잠재관광지 발굴·육성 공모사업' 대상에 선정되기도 했다.

◆ 2022년 금상

○ 수상작 : 영주다목적댐
○ 시행사 : K-water(한국수자원공사)
○ 시공사 : 삼성물산

영주다목적댐은 경상북도 영주시 평은면 내성천에 있는 다목적 댐이다. 4대강 정비 사업의 목적으로 2009년 12월 공사에 착수하여 2016년 12월 본댐을 준공하였다. 중형 댐으로 사업비는 1조 1천억 원이 투입되었다. 저수용량은 약 1억 8천만 톤 규모이다. 다른 도시나 시내로 나가지 않고 평은면 내로 이사 가고자 하는 주민들을 위하여 영주호 이주단지가 건설되었다. 이 사업으로 인하여 평은면 소재지와 중앙선 승문역 ~ 옹천역 구간이 수몰되었다.

◆ 2021년 대상

○ 수상작 : 이라크 알포(Al Faw) 방파제
○ 시행사 : GCPI(General Company for Ports of Iraq)
○ 시공사 : ㈜대우건설

알포 방파제는 이라크 남부 바스라(Basrah) 주에 조성된 것으로 2014년 2월 착공에 들어가 2020년 9월 준공됐다. 총 15.5km의 사석방파제로 총 8,700억 원이 투입됐다. 사석방파제는 잡석을 써서 둑처럼 양쪽을

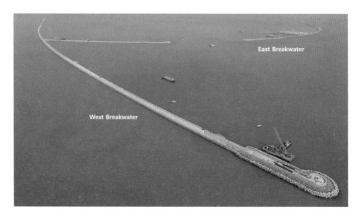

비스듬히 쌓아 올린 방파제다. 연약 점토층인 방파제 하부 지반을 견고히 하면서 환경 피해를 최소

화하기 위해 시멘트 혼합 공법을 사용하지 않고 친환경적인 단계 성토 공법을 적용했다. 또 자동 센서로 구성된 '머신 컨트롤러'를 활용해 맨눈으로 확인하기 힘든 수중 시공 부위를 정확히 파악해 시공하는 등 스마트 건설기술도 적용했다. 알포 방파제는 이라크 정부가 오는 2041년까지 알포 신항을 세계 12대 항만으로 개발하기 위한 마스터플랜의 1단계 첫 사업으로 대우건설이 시공을 맡았다.

◆ 2021년 금상

○ 수상작 : 화양조발대교
○ 시행사 : 익산지방국토관리청
○ 시공사 : 현대건설(주), (주)한화건설, 대보건설(주), 대우조선해양건설(주), (주)해송종합건설

화양조발대교는 전라남도 여수시 화양면 장수리에서 화정면 조발리[조발도]를 잇는 다리이다. 화양조발대교는 전라남도 여수시에서 고흥군으로 가는 백리섬 위에 놓인 첫 번째 대교이다. 2011년 11월 12일 착공하여 설 명절 고향을 찾는 귀성객 및 지역 주민의 교통 편의를 위해 2020년 1월 23일부터 28일까지 임시 개통하였다. 2020년 2월 28일 적금대교, 낭도대교, 둔병대교와 함께 공식 개통하였으며 3월 완공하였다. 현대건설이 시공을 맡았으며, 사업비는 550억 원이 소요되었다. 다이아몬드형 2주탑으로 3경간 연속 콘크리트 사장교이다. 다리 길이는 854m, 너비는 11.5m, 교각과 교각 사이 거리를 나타내는 경간장(徑間長)의 최대 길이는 500m, 주탑 높이는 170m이다.

◆ 2021년 금상

○ 수상작 : 배내교
○ 시행사 : 한국도로공사
○ 시공사 : 삼부토건(주), (주)케이알산업

밀양~울산 구간의 노선 특성을 보면 자연환경 훼손 최소화를 위해 본선의 77%가 구조물[터널 58%(26.3㎞), 교량 19%(8.5㎞)]로 설계되었으며, 이 중 영남알프스 구간은 94%가 구조물이다. 영남알프스를 통과하는 재약산 터널(8.0㎞)에서 신불산 터널(6.5㎞)까지 배내골 나들목 교량구간(0.5㎞)을 포함하면 총연장 15㎞로 국내 도로터널 중 가장 길다. 긴 터널을 주행하면서 졸음을 쫓을 수 있도록 터널 벽면에는 다양한 문양의 그림, 고래와 장미 등 파노라마 조명이 설치되어 있다. 상북면 배내교 하부에는 숲속가든 조성, 삼동면 삼동교 하부에는 파고라, 테니스장, 산책로 등을 설치하여 지역 주민 편의시설을 제공한다.

◆ 2020년 대상

○ 수상작 : 천사대교
○ 시행사 : ㈜대우건설, 대림산업(주)
○ 시공사 : ㈜디엠엔지니어링, ㈜엔비코컨설턴트

천사대교는 전라남도 신안군 압해읍과 암태면을 연결하는 교량이다. 길이 7,224m로 대한민국 4위에 이르며, 국도 구간 중에서는 1위이다. 2번 국도의 '압해~암태 간 도로 구간 중 일부로, 너비 11.5m의 가변 3차선으로 2010년 9월 착공해 2019년 4월 4일에 개통했다. 국내 최초 사장교와 현수교를 동시에 배치한 교량으로 총연장은 10.8km이며, 2019년 4월 4일 개통과 동시에 자동차 전용도로로 지정되었다. 천사대교는 신안군 비금도, 도초도, 하의도, 신의도, 장산도, 안좌도, 팔금도, 암태도, 자은도 9개면 섬들이 다이아몬드 모양으로 펼쳐진 일명 '신안 다이아몬드 제도'를 연결하는 최단 거리 육상 교통망을 완성한다.

◆ 2020년 금상

○ 수상작 : 쿠웨이트 셰이크 자베르 코즈웨이 (사장교)
○ 시행사 : Public Authority for Roads and Transportation
○ 시공사 : 현대건설㈜, CGCC(쿠웨이트)

수도 쿠웨이트시티와 수비야 지역을 연결하는 총연장 36.1㎞의 초장대교량이 현대건설의 기술력으로 개통하였다. 쿠웨이트 선왕의 이름을 땄을 정도로 중요한 국책 사업인 셰이크 자베르 코즈웨이 공사는 쿠웨이트 정부와 국민의 관심을 한 몸에 받으며 2019년 5월 준공식을 했다. 이 프로젝트는 수비야 신도시 개발을 통해 국가를 균등하게 발전시키겠다는 쿠웨이트 정부의 계획으로 발주되었으며, 발주처는 쿠웨이트공공사업성(Ministry of Public Works)이다. 슈웨이크 자유무역 지역과 북부의 수비야 지역을 가로지르는 메인 구간(36.14㎞)과 슈웨이크 자유무역 지역과 북서부 도하 지역을 잇는 연결 구간(12.43㎞) 등 세계에서 가장 긴 해상교량(48.57km)을 짓는 프로젝트였다.

◆ 2020년 금상

○ 수상작 : 원산안면대교
○ 시행사 : 대전지방국토관리청
○ 시공사 : 코오롱글로벌㈜, 동부건설㈜, 대일종합건설㈜, 토우건설㈜

원산안면대교는 충청남도 보령시 오천면 원산도리와 태안군 고남면 고남리를 잇는 교량이다. 총연장 1.75km에 왕복 4차로로 건설된 사장교다. 보령시와 태안군의 경계선을 중심으로 남쪽은 원산대로, 북쪽은 안면대로에 포함되어있다. 2010년 12월부터 2,082억 원이 투입되었으며 2019년 12월

26일에 개통되었다. 이 교량으로 인해 육지와 도로로 직접 연결되지 않았던 원산도가 육지와 연결되었다. 이전엔 원산도와 안면도 주민들은 여객선이나 어선을 이용해 두 섬을 왕래해 왔다. 원산안면대교 개통은 섬으로 단절된 국도 77호선을 하나로 연결하는 것으로, 충남 서해안 관광 활성화는 물론 남북통일 대비 측면에서도 큰 의미가 있다. 국도 77호선은 부산에서 남해안, 서해안을 거쳐 북한 황해북도 개성시까지 이어지는 총연장 72만 8천 125㎞ 도로이다.

◆ 2020년 특별기술상

○ 수상작 : 북당진-고덕 HVDC 해저터널
○ 시행사 : 한국전력공사
○ 시공사 : 대우조선해양건설(주)

국내 최초로 500KV HVDC(High-Voltage, Direct Current, 고압직류송전)를 연결한 해저터널 전력구로 의미가 큰 구조물이다. 충남 당진의 북당진 변환소와 경기 평택의 고덕변환소를 연결하는 총 34.2km 구간 중 당진-평택항을 횡단하는 연장 5.2km, 직경 3m의 국내최초 해저터널 전력구 공사로써 해수면 아래 지하 60m 깊이의 암반층을 통과하는 고난도 공사로, 파쇄대 구간의 고수압에 대응하고 시공성과 안정성을 확보하기 위해 쉴드TBM 공법을 적용했다.

출처: 대한토목학회/ 위키백과/ 위키피디아/ 나무위키

국내 시공능력별 100대 건설사

(단위 : 백만원/ 명)

순위	업체개요		시공능력평가액 (토건)	보유기술자수
	상호	소재지		
1	삼성물산 주식회사	서울	22,564,056	4,397
2	현대건설(주)	서울	11,377,076	5,080
3	지에스건설(주)	서울	9,928,601	3,291
4	(주)포스코건설	경북	9,515,788	3,398
5	(주)대우건설	서울	8,729,016	4,470
6	현대엔지니어링(주)	서울	8,477,011	3,507
7	롯데건설(주)	서울	6,785,053	1,985
8	디엘이앤씨(주)	서울	6,499,216	2,711
9	에이치디씨현대산업개발(주)	서울	5,610,381	1,049
10	에스케이에코플랜트(주)	서울	4,916,287	2,265
11	(주)한화건설	경기	3,416,578	989
12	디엘건설(주)	인천	3,249,267	1,048
13	(주)호반건설	전남	3,148,348	406
14	(주)태영건설	경기	2,647,842	942
15	대방건설(주)	경기	2,486,333	270
16	코오롱글로벌(주)	경기	2,076,684	982
17	중흥토건(주)	광주	2,058,524	288
18	계룡건설산업(주)	대전	2,024,498	1,013
19	삼성엔지니어링(주)	서울	1,945,593	674
20	한신공영(주)	경기	1,928,473	808
21	동부건설(주)	서울	1,917,200	988
22	금호건설(주)	전남	1,827,544	859
23	(주)서희건설	경기	1,817,475	410
24	제일건설(주)	전남	1,642,565	192
25	우미건설(주)	전남	1,540,863	166
26	(주)동원개발	부산	1,515,613	132
27	(주)부영주택	서울	1,493,009	328
28	두산건설(주)	서울	1,490,913	613
29	(주)한라	서울	1,486,116	652
30	쌍용건설(주)	서울	1,481,954	703
31	(주)에스앤아이코퍼레이션	서울	1,411,657	408
32	(주)케이씨씨건설	서울	1,410,821	616

순위	업체개요		시공능력평가액 (토건)	보유기술자수
	상호	소재지		
33	효성중공업(주)	서울	1,390,951	521
34	(주)반도건설	서울	1,264,222	226
35	(주)호반산업	경기	1,254,951	258
36	(주)금강주택	서울	1,250,265	96
37	신세계건설(주)	서울	1,238,584	570
38	(주)한 양	인천	1,166,984	367
39	엘티삼보(주)	부산	1,138,894	326
40	중흥건설(주)	전남	1,130,279	133
41	아이에스동서(주)	서울	1,114,399	218
42	양우건설(주)	서울	1,024,279	212
43	(주)한진중공업	부산	1,002,454	933
44	화성산업(주)	대구	946,265	233
45	에스지씨이테크건설(주)	서울	941,975	523
46	씨제이대한통운(주)	서울	906,115	392
47	(주)금성백조주택	대전	881,103	110
48	(주)서 한	대구	825,749	286
49	대보건설(주)	경기	825,654	426
50	(주)라인건설	전남	776,952	94
51	두산중공업(주)	경남	735,552	595
52	보광종합건설(주)	광주	725,831	93
53	신동아건설(주)	경기	687,785	295
54	(주)동양건설산업	경기	667,456	179
55	경동건설(주)	부산	653,499	94
56	진흥기업(주)	인천	643,902	243
57	에이스건설(주)	서울	626,031	40
58	(주)대광건영	광주	619,917	157
59	(주)시티건설	서울	595,725	104
60	(주)우 방	대구	573,744	78
61	(주)케이알산업	경기	524,331	402
62	(주)유승종합건설	인천	498,934	59
63	동원건설산업(주)	경기	488,675	131
64	일성건설(주)	인천	456,158	265
65	주식회사 보미건설	서울	450,402	104
66	극동건설(주)	부산	434,867	377
67	삼부토건(주)	서울	428,745	244
68	(주)성도이엔지	서울	428,312	139
69	(주)협성건설	부산	410,550	28

순위	업체개요		시공능력평가액 (토건)	보유기술자수
	상호	소재지		
70	(주)신안	경기	396,316	16
71	(주)삼정기업	부산	389,617	82
72	(주)태왕이앤씨	대구	382,810	154
73	남광토건(주)	경기	381,610	319
74	요진건설산업(주)	강원	378,165	163
75	경남기업(주)	충남	372,539	226
76	(주)서해종합건설	서울	364,528	80
77	(주)대원	충북	363,577	116
78	(주)선경이엔씨	경기	359,597	43
79	한림건설(주)	경기	356,750	55
80	(주)힘찬건설	경기	349,643	22
81	(주)협성종합건업	부산	347,582	22
82	대우조선해양건설(주)	경기	340,755	231
83	대우산업개발(주)	인천	333,035	165
84	동서건설(주)	경기	331,684	115
85	삼환기업(주)	서울	326,159	178
86	(주)삼정	부산	325,280	44
87	동문건설(주)	서울	319,431	123
88	(주)흥화	경북	316,601	156
89	파인건설(주)	대전	311,533	111
90	금광기업(주)	전남	309,870	165
91	(주)대저건설	경남	305,095	112
92	(주)원건설	충북	303,701	115
93	동아건설산업(주)	서울	303,035	124
94	계성건설(주)	전북	301,506	116
95	강산건설(주)	서울	300,977	165
96	디에스종합건설(주)	광주	299,964	60
97	대양종합건설(주)	경기	294,709	107
98	(주)모아종합건설	광주	294,317	64
99	(주)유탑건설	광주	288,578	126
100	(주)영무토건	전남	288,376	93

자료: 대한건설협회, 2022년 시공능력평가액 기준

토목공학 관련 도서

관련 도서

토목공학의 역사 (한스 스트라우브 저/ 대한토목학회)

토목공학의 근원과 발전, 토대와 뿌리를 설명한 권위 있는 토목공학 역사서. 메소포타미아의 배수 시스템으로부터 시작하여 이집트의 운하와 피라미드, 그리스와 페니키아의 사원, 로마의 아치, 교량, 수로, 항만, 도로 등 건설 문명의 전통을 추적한다. 이어서 중세 시대, 르네상스와 바로크 시대의 업적을 돌아보고, 18, 19세기에 이르러 정역학과 재료역학 이론을 적용한 현대적 구조공학의 시작을 설명한다. 토목공학에 입문하는 학생과 실무에 종사하는 엔지니어뿐만 아니라 더 넓은 일반 독자층을 대상으로 하고 있다. 저자는 시종일관 토목공학 분야와 문화 전반, 특히 건축 예술의 역사적 여러 양식과의 관계를 분석하고 있다.

똥이랑 물이랑 (한무영 저/ 우리)

마을마다 자기 동네에 떨어지는 빗물을 잘 관리하면 해결이 되며 이것을 빗물마을 우리(雨里,rain village)라고 한다. 그러한 우리가 모여서 빗물을 모으는 도시 레인시티가 된다. 빗물을 버리는 도시에서 빗물을 모으는 도시로 바꾸는 빗물의 혁명을 제안하였다.

자연과 문명의 조화 토목공학 (대한토목학회 저/ 대한토목학회)

토목공학 개론서. 토목공학과에 지원하였거나, 입학하였으나 아직 전공과 목을 수강하지 않아서 앞으로 어떤 공부를 하게 되는지, 졸업 후에는 어떤 진 로를 선택할 수 있는지 잘 모르는 신입생들에게 토목공학과 관련된 지식을 전 달하기 위하여 기획되었으나 토목공학에 관심이 있는 일반인도 누구나 쉽게 이해할 수 있도록 만들어졌다.

대한토목학회 출간사업의 목적으로 제작되었다. 12개의 주제로 토목공학 에 대한 과거, 현재, 그리고 미래의 모습을 많은 사진과 그림을 곁들여 쉽게 설 명하고 있다. 또 일상생활에서 만나는 토목공학 이야기와 우리가 잘 모르고 지나쳤던 신기한 현상이나 흥미로운 이야기를 예로 들고 있다.

명화 속에 담긴 그 도시의 다리 (이종세 저/ 씨아이알)

토목공학자가 쓴 '명화 속에 담긴 다리' 순례기. 런던, 파리, 로마, 쾰른, 프 라하 등 우리에게 익숙한 유럽의 도시에 놓인 다리 28개가 한 점씩의 명화 와 함께 실려 있다. 다리들은 대부분 중세부터 근대에 이르는 사이에 건설 된 것들이다. 유명한 다리도 있고 그렇지 않은 다리도 있다. 도시의 상징이 된 다리도 있고, 이미 사라지고 없는 다리도 있으며, 여러 번 파괴되었다가 제 모습으로 재건된 다리도 있다.

각 장의 이야기는 그림 한 점에서 시작된다. 그리고 다리 건설의 배경과 과정, 그 다리가 놓인 도시 의 삶과 역사에 관한 내용으로 이어진다. 이야기의 주인공은 물론 다리이지만, 함께 곁들여진 그림과 화가에 관한 이야기도 특별한 재미를 선사한다.

쉽게 읽는 토목 이야기 (장경수 저/ 미래사)

저자가 토목 실무를 하면서 보고 듣고 경험한 다양한 내용이 담겨 있다. 토목 기술에서 가장 기본적인 내용이나 실무에서 소홀히 하는 내용과 헷갈리고 오해하기 쉬운 용어나 개념들에 대해 그 의미와 사용에 관해 설명했다. 또한 저자가 업무 과정에서 '왜 그럴까?' 하고 생각했던 것들, 조금 바뀌었으면 하는 것들, 사회적으로 이슈가 되었던 사건, 사고들 그리고 저자 개인적으로 관심 있는 구조물 등에 대한 것들을 정리해서 잘 보여주고 있다.

터널역학 (이상덕 저/ 씨아이알)

이 책은 각종 지반 상태와 다양한 규모나 형상으로 터널을 뚫을 때 주변 지반의 응력과 변형 거동 및 지보 효과를 예측하고 필요시 대책을 마련할 수 있는 능력을 함양하는 것을 목표로 터널 역학 이론서로 저술하였다. 터널 이론이 생소하거나 이해하기가 어렵지 않도록 최대한 상세하게 설명하였기 때문에 책의 분량이 다소 많다고 여겨질 수 있다. 또한, 이론을 전개하기 위해 수많은 복잡한 수식들이 소개되어 있어서 지루하게 느껴질 수 있다. 책 전체를 섭렵하지 않고 필요한 부분만 읽어도 내용을 이해할 수 있도록 일부 내용은 여러 장·절에서 중복하여 설명하였으나, 지루하지 않도록 장·절마다 다른 각도로 설명하려고 노력하였다. 실무에서 자주 적용되고 있고 특수한 거동 양상을 보이는 얕은 터널, 병설 터널, 침매터널, 수로터널에 대해서만 별도의 장을 할애하여 서술하였다.

터널공학 (신종호 저/ 씨아이알)

터널지식은 응용지질학, 고체역학, 토질 및 암반역학, 지하수 수리학 및 구 조역학 등의 역학적 요소와 시공학, 기계 및 설비 관련 공학적 요소를 포함한 다. 기하학적 경계의 불명확, 비선형 탄소성 거동의 대변형 문제, 구조-수리 상호거동, 지반-라이닝 구조상호작용, 굴착(건설) 중 안전율 최소 등이 터널 역학과 공학의 대표적 특징이다. 이에 따라 터널의 형성 원리, 소성론, 비선 형 수치해석 등 요구되는 선행학습의 양이 방대하고, 상당 부분이 학부 학습 범위를 넘는다.

지식의 관점에서 터널의 형성 원리 및 터널거동이론인 '터널역학(mechanics)'과 터널의 계획, 조사, 굴 착 및 지보공법 선정 그리고 경험을 포함하는 실무적 지식체인 '터널공학(engineering)'으로 구분할 수 있 다. 터널지식을 역학과 공학으로 구분하면, 학습의 대상과 선후가 비교적 명확하게 정리된다. 이로부터 터널의 형성 원리와 거동의 직관을 제공하는 터널역학, 그리고 현장의 설계 및 시공 실무에 대한 전문가 적 기초소양을 담는 터널공학의 학습체계를 제안하게 되었다. 이 책은 터널공학에 대해 수록하였다.

모모모 물관리 (한무영 저/ 우리)

기후 위기는 현실적으로 물과 불의 문제로 나타난다. 이 현상들은 모두 빗물과 관련이 있으며, 빗물 관리를 잘하면 대부분이 해결될 수 있다. 지금 까지 빗물은 빨리 내다 버리는 것으로 관리해왔다. 이에 대한 새로운 패러 다임은 빗물을 버리는 도시로부터 빗물을 모으는 도시로 바꾸자는 혁명적 인 발상이다. 이것을 위해 현명한 시민들을 계몽하여 인식을 바꾸어야 한 다.

지금까지 물관리의 대상은 현재 사는 사람만을 위하여 하천과 그 이후 상수도와 히수도 관로에 있 는 선(線)에 있는 물만을 다루었다. 이에 따라 상·하류 간의 갈등, 자연과 인간과의 갈등, 후세와의 갈 등이 예상된다. 앞으로 기후 위기의 시대에 물관리의 새로운 방향을 제시하고자 한다.

건설 기술자를 위한 **토목수학의 기초** (오와키 나오아키, 타카하시 타다히사, 아리타 코우이치/ 씨아이알)

토목에 뜻을 둔 사람을 위한 수학 입문서이다. 토목 기술자가 되기 위해서는 여러 가지 공부가 필요하지만, 그중에서도 수학은 가장 중요한 기초 과목이다. 우리에게 수학은 도구이며 언어이다. 이 책은 그러한 도구가 왜 필요한가, 어떠한 상황에서 어떻게 사용하는가, 그 기본이 되는 사고방식은 어떠한 것인가 등 응용 방법의 기본을 기술하고 있다.

수학 응용의 숙달은 오로지 연습에 있다. 그리고 수학이라고 하는 도구의 사용 방법에 익숙해져야 한다. 이 책에서도 가능한 한 예제나 연습문제를 실었다. 수학은 암기물은 아니다. 그러나 최소한 기억해두지 않으면 안 되는 것도 있다. 이렇게 배운 지식을 총동원하는 훈련을 해야 한다.

인간과 자연을 위한 **하천공학** (오규창, 우효섭, 최성욱, 류권규 저/ 청문각)

그동안 인간 위주의 공학적 효율성만 강조한 전통적 하천 기술 시각에서 벗어나 생물서식처, 수질 자정, 친수 등 하천의 자연적 기능의 지속가능성을 담보하는 새로운 하천 기술 시각을 부각하려고 노력하였다. 구체적으로 하천의 생태기능, 하천환경의 조사 및 관리계획, 자연형 하천시설, 환경유량, 하천 복원 등 각 장에서 환경과 생태를 직간접적으로 고려한 하천 기술을 강조하였다. 또한 하천 기술에 직접 관련된 것은 아니지만 유역 관리 차원에서 통합물관리(IWRM)에 대해 간단히 설명하였다. 이를 통해 2018년 중반부터 하천 및 수자원 관리를 통합적으로 접근하려는 우리 사회의 노력에 도움이 되고자 하였다.

하천공학 강좌를 개설한 대학이나 대학원의 전공교재로서 학술적, 기술적 관련성에 충실하면서 동시에 하천 실무의 참고교재로서 실용성을 강조하였다. 예를 들면, 하천 계획이나 시설물 설계의 근간이 되는 관련 지식과 기술 설명을 생략하지 않으면서 동시에 그러한 실무를 수행하는 데 필요한 절차와 방법을 비교적 구체적으로 설명하려고 노력하였다.

세계의 토목유산 (사단법인 건설컨설턴츠협회「Consultant」편집부 저/ 시그마북스)

'사진과 함께하는 세계의 토목유산' 시리즈. 유럽을 시작으로 고대 기술의 발상지인 인도와 중국, 그리고 그 기술이 전해져 그 지역의 독자적인 문화와 융합·발전한 이후 유럽에서 근대 기술이 전해진 동남아시아와 일본까지 각 국의 토목유산을 모은 자료들을 정리하여 엮은 책이다.

각 토목유산은 소재지와 함께 그 시설이 만들어진 배경과 해당 시설의 구조가 쉽고도 자세하게 설명되어 있다. 또한 각각의 유산에 대한 소개가 끝나면 현재 일본에 있는 유사한 토목유산에 대해서 짤막하게 소개함으로써 또 다른 재미를 주고 있으며, 수많은 사진이 함께 실려 있어 마치 그곳에 있는 것과 같은 생동감을 느끼게 해 준다.

더 나은 세상을 디자인하다 (장승필, 이상후, 이인근, 유경수, 유호식, 양승신, 양태영, 조종환, 김호경, 김승렬, 강종수, 남궁 은 공저/ KSCE프레스)

우리 토목기술 발전의 궤적을 체계적으로 정리하고 기록해 발전 경험을 후대에 전수하고, 새로운 가치 창출을 위한 연구 기반을 구축하는 데 기여할 수 있도록 만들어졌다. 우리나라 토목기술 전반의 역사를 다룬 총론에 이어, 토목학회에서 전통적으로 다루는 사회기반시설 또는 기술 분야별로 국토, 도시, 도로, 철도, 공항, 항만, 교량, 터널, 댐 및 상하수도 등 10개 기술 분야의 역사가 별개의 장으로 펼쳐진다.